技工院校计算机类专业教材（中／高级技能层级）

网络设备互联（华为）

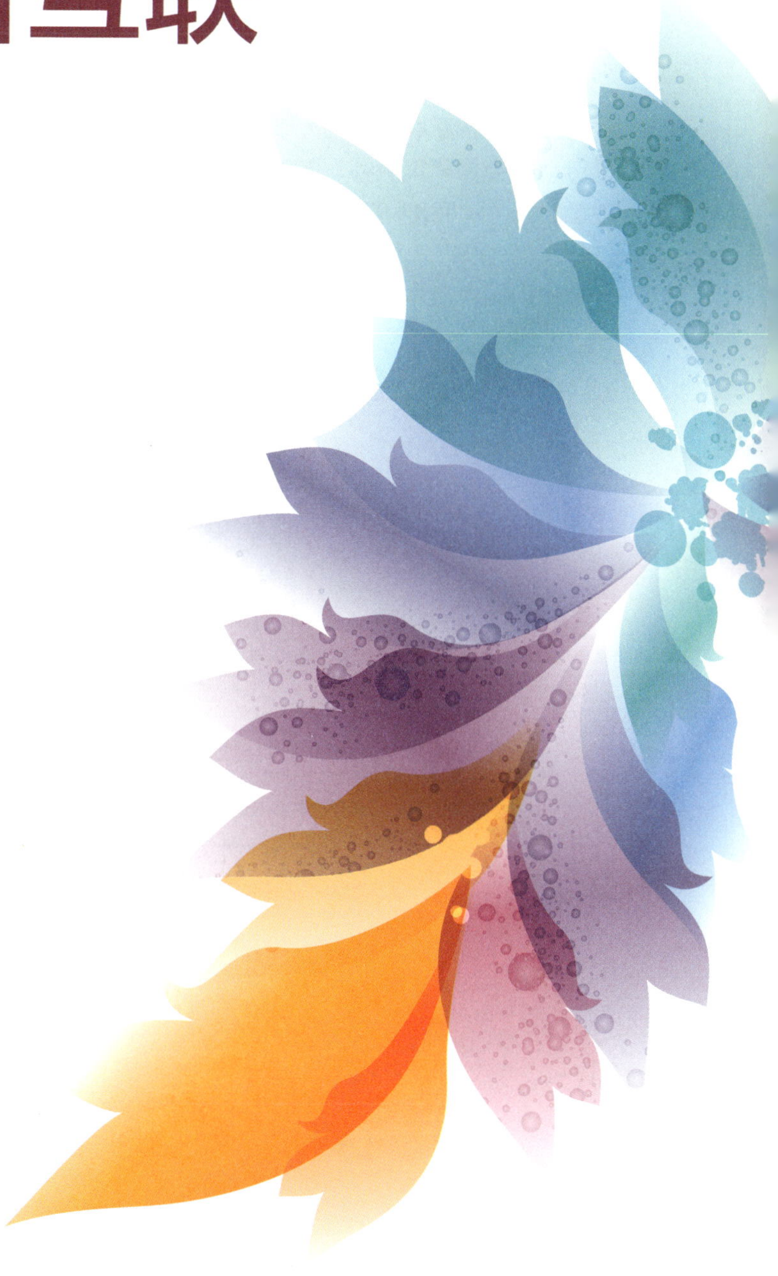

主　编　郑路明
副主编　蓝　曦　陈　洪

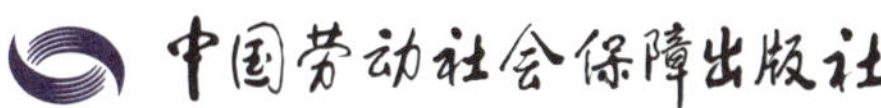

简介

本书主要内容包括网络设备配置基础、网络设备命令系统、虚拟局域网技术、路由基础、路由扩展知识、访问控制列表、网络地址转换、常用网络服务与应用、广域网技术，以及中小型企业网络设计案例等。

本书由郑路明担任主编，蓝曦、陈洪担任副主编；颜玉贞、化立果、巫丽美参与编写。

图书在版编目（CIP）数据

网络设备互联：华为 / 郑路明主编. -- 北京：中国劳动社会保障出版社，2025. --（技工院校计算机类专业教材）. -- ISBN 978-7-5167-7067-2

Ⅰ. TP393

中国国家版本馆 CIP 数据核字第 2025ZJ9459 号

网络设备互联（华为）

WANGLUO SHEBEI HULIAN（HUAWEI）

中国劳动社会保障出版社出版发行

（北京市惠新东街 1 号　邮政编码：100029）

*

北京宏伟双华印刷有限公司印刷装订　　新华书店经销

787 毫米 ×1092 毫米　16 开本　14.25 印张　279 千字

2025 年 7 月第 1 版　　2025 年 7 月第 1 次印刷

定价：36.00 元

营销中心电话：400-606-6496

出版社网址：https://www.class.com.cn

https://jg.class.com.cn

前 言

为了更好地满足技工院校计算机类专业的教学要求，适应计算机行业的发展现状，全面提升教学质量，我们组织全国有关学校的一线教师和行业、企业专家，在充分调研企业用人需求和学校教学情况、吸收借鉴各地技工院校教学改革的成功经验的基础上，根据人力资源社会保障部颁布的《全国技工院校专业目录》及相关教学文件，对技工院校计算机类专业教材进行了修订和新编。

本次修订（新编）的教材涉及计算机类专业通用基础模块及办公软件、多媒体应用软件、辅助设计软件、计算机应用维修、网络应用、程序设计、操作指导等多个专业模块。

本次修订（新编）工作的重点主要有以下几个方面。

突出技工教育特色

坚持以能力为本位，突出技工教育特色。根据计算机类专业毕业生就业岗位的实际需要和行业发展趋势，合理确定学生应具备的能力和知识结构，对教材内容及其深度、难度进行了调整。同时，进一步突出实际应用能力的培养，以满足社会对技能型人才的需求。

针对计算机软、硬件更新迅速的特点，在教学内容选取上，既注重体现新软件、新知识，又兼顾技工院校教学实际条件。在教学内容组织上，不仅局限于某一计算机软件版本或硬件产品的具体功能，而是更注重学生应用能力的拓展，使学生能够触类旁通，提升综合能力，为后续专业课程的学习和未来工作中解决实际问题打下良好的基础。

创新教材内容形式

在编写模式上，根据技工院校学生认知规律，以完成具体工作任务为主线组织教材内容，将理论知识的讲解与工作任务载体有机结合，激发学生的学习兴趣，提高学生的实践能力。

在表现形式上，通过丰富的操作步骤图片和软件截图详尽地指导学生了解软件功能并完成工作任务，使教材内容更加直观、形象。结合计算机类专业教材的特点，多数教材采用四色印刷，图文并茂，增强了教材内容的表现效果，提高了教材的可读性。

本次修订（新编）工作还针对大部分教材创新开发了配套的实训题集，在教材所学内容基础上提供了丰富的实训练习题目和素材，供学生巩固练习使用，既节省了教材篇幅，又能帮助学生进一步提高所学知识与技能的实际应用能力。

提供丰富教学资源

在教学服务方面，为方便教师教学和学生学习，配套提供了制作素材、电子课件、教案示例等教学资源，可通过技工教育网（https://jg.class.com.cn）下载使用。除此之外，在部分教材中还借助二维码技术，针对教材中的重点、难点内容，开发制作了操作演示微视频，可使用移动设备扫描书中二维码在线观看。

致谢

本次修订（新编）工作得到了河北、山西、黑龙江、江苏、山东、河南、湖北、湖南、广东、重庆等省（直辖市）人力资源社会保障厅（局）及有关学校的大力支持，在此我们表示诚挚的谢意。

编者

2025 年 4 月

目　录

CONTENTS

项目一
网络设备配置基础

任务 1　使用 Console 线的网络设备配置

1. 了解 Console 接口和 Console 线。
2. 掌握网络设备的配置和连接方法。
3. 掌握终端仿真程序的配置和使用方法。

在企业级网络环境中，为了减少资源占用，提高操作便捷性，增强安全性，网络设备的配置主要通过命令行界面（Command Line Interface，CLI）来实现，而在配置新设备时，必须使用 Console 接口。本任务以目前市场占有率较高的华为设备为例，介绍企业级网络设备的配置方法。

一、Console 接口

在可进行网络管理的企业级网络设备上，一般都有一个专门用于对设备进行配置和管理的 Console 接口，其大多为 RJ45（Registered Jack 45）形式，华为交换机上的 Console 接口如图 1-1 所示。使用 Console 接口连接网络设备，是配置和管理网络设备的必要步骤。其他配置方式往往需要借助 IP 地址、域名或设备名称等参数才得以实现，而未使用过的新网络设备显然不可能内置以上参数，因此，直接将其连接至计算机的 Console 接口是最常用、最基本的网络设备管理和配置方式。

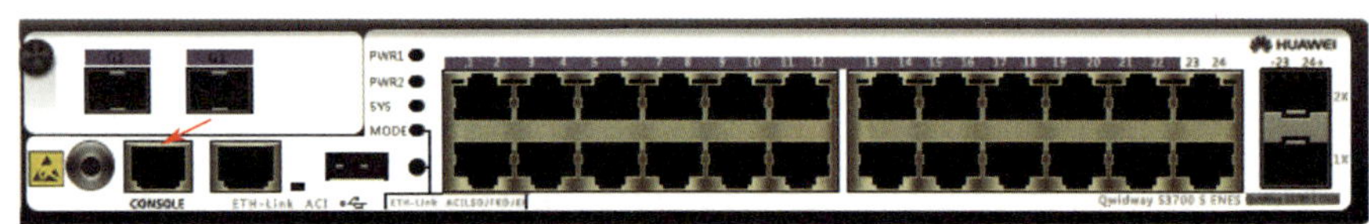

图 1-1　华为交换机上的 Console 接口

二、Console 线

使用 Console 接口对网络设备进行配置时的配置线被称为 Console 线。标准串口 Console 线一端是 RJ45 接口（俗称“水晶头”），另一端是 RS232（Recommended Standard 232）串口，标准串口 Console 线实物如图 1-2 所示。

有些计算机（如笔记本计算机）已经取消了串口，有一种 USB 接口 Console 线是采用 USB 接口替代传统串口的，需要安装对应驱动程序才可以使用，USB 接口 Console 线实物如图 1-3 所示。

图 1-2　标准串口 Console 线实物

图 1-3　USB 接口 Console 线实物

三、终端仿真程序

在网络设备配置中，利用终端仿真程序可把个人计算机（Personal Computer，PC）仿真成一个终端与网络设备连接。在 Windows 系统环境下，可使用命令行界面对异构系统的网络设备或主机进行配置。

SecureCRT（Secure Connection to Remote Terminal）是最常用的终端仿真程序，它支持 SSH（SSH1 和 SSH2）协议、Telnet 协议、串口等连接方式，SecureCRT 软件界面如图 1-4 所示。

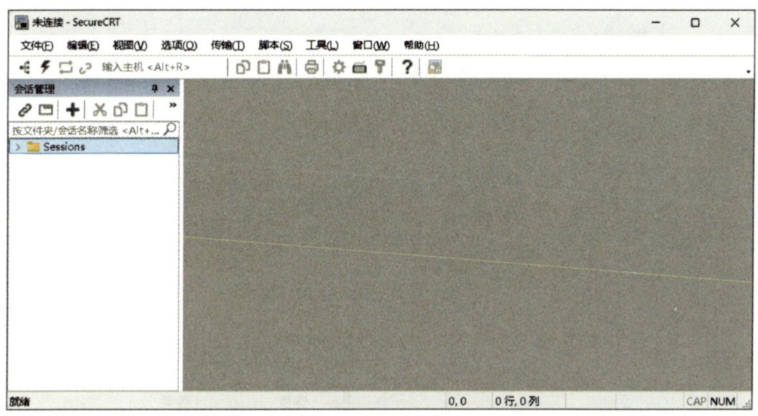

图 1-4　SecureCRT 软件界面

一、任务描述

本任务要求使用终端仿真程序连接新购入的网络设备，并进入设备的配置界面。

本任务所需的实验设备主要有：S3700 交换机（Lan SWitch，LSW）1 台，配置用的计算机 1 台，Console 线 1 条，以及 SecureCRT 终端仿真程序（将其提前下载并安装到计算机上）。

二、操作步骤

1. 连接硬件

构建实验拓扑图，如图 1-5 所示。将 Console 线的串口（RS232 串口）连接在计算机的串口上（如果使用的是 USB 接口 Console 线，则需要安装好对应的驱动程序），使用 Console 线的 RJ45 接

图 1-5　实验拓扑图

口连接交换机的 Console 接口，分别启动交换机和计算机。

2. 打开终端仿真程序

打开提前安装好的 SecureCRT 终端仿真程序。

3. 创建连接和设置参数

在 SecureCRT 终端仿真程序的菜单栏执行“文件”→“快速连接”命令，打开“快速连接”设置界面，如图 1-6 所示。

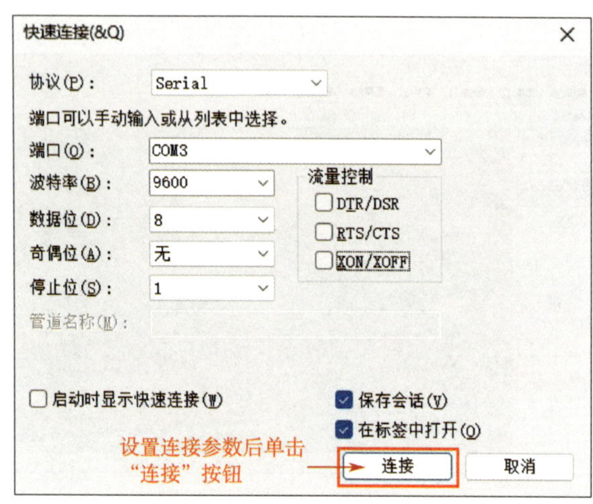

图 1-6 “快速连接”设置界面

图 1-6 中的“端口”选项可选择具体使用哪一个串口连接进行终端仿真，可打开“计算机管理”中的“设备管理器”，单击“端口”项进行查看，此处以 COM3 端口为例，查看端口号的“计算机管理”界面如图 1-7 所示。

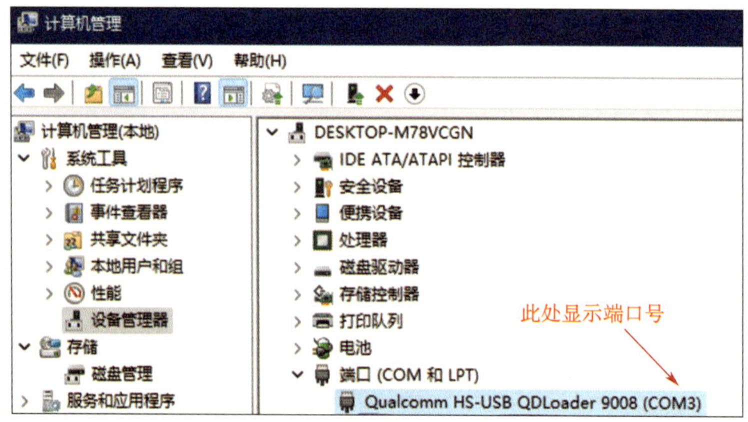

图 1-7 查看端口号的“计算机管理”界面

如需经常使用或保存该连接，在 SecureCRT 终端仿真程序的“会话管理”面板单击“+”按钮创建新会话并设置，即可创建常用连接，创建新会话和连接过程如图 1–8 所示。

图 1–8　创建新会话和连接过程

4. 查看会话

按照前三步操作连接交换机后，按 Enter 键即可在 SecureCRT 终端仿真程序的右侧界面显示交换机的终端信息内容，如图 1–9 所示。

```
<Huawei>
Mar 23 2024 19:51:30-08:00 Huawei %%01IFNET/4/IF_ENABLE(l)[0]:Interface Etherne
0/0/1 has been available.
Mar 23 2024 19:51:30-08:00 Huawei %%01IFNET/4/IF_ENABLE(l)[1]:Interface Etherne
0/0/2 has been available.
Mar 23 2024 19:51:30-08:00 Huawei %%01IFNET/4/IF_ENABLE(l)[2]:Interface Etherne
0/0/3 has been available.
Mar 23 2024 19:51:30-08:00 Huawei %%01IFNET/4/IF_ENABLE(l)[3]:Interface Etherne
0/0/4 has been available.
Mar 23 2024 19:51:30-08:00 Huawei %%01IFNET/4/IF_ENABLE(l)[4]:Interface Etherne
0/0/5 has been available.
Mar 23 2024 19:51:30-08:00 Huawei %%01IFNET/4/IF_ENABLE(l)[5]:Interface Etherne
0/0/6 has been available.
Mar 23 2024 19:51:30-08:00 Huawei %%01IFNET/4/IF_ENABLE(l)[6]:Interface Etherne
0/0/7 has been available.
Mar 23 2024 19:51:30-08:00 Huawei %%01IFNET/4/IF_ENABLE(l)[7]:Interface Etherne
0/0/8 has been available.
Mar 23 2024 19:51:30-08:00 Huawei %%01IFNET/4/IF_ENABLE(l)[8]:Interface Etherne
0/0/9 has been available.
Mar 23 2024 19:51:30-08:00 Huawei %%01IFNET/4/IF_ENABLE(l)[9]:Interface Etherne
0/0/10 has been available.
Mar 23 2024 19:51:30-08:00 Huawei %%01PHY/1/PHY(l)[10]:     Ethernet0/0/1: chan
 status to down
Mar 23 2024 19:51:30-08:00 Huawei %%01IFNET/4/IF_STATE(l)[11]:Interface Vlanif:
has turned into DOWN state.
```

图 1–9　交换机的终端信息内容

本任务也可以使用华为公司的 eNSP 模拟器（详见项目一任务 2）进行实验模拟，其终端仿真界面如图 1–10 所示。图中黑色部分内容即为命令行界面（CLI），在这个界面中，可使用指令对设备进行配置与管理。

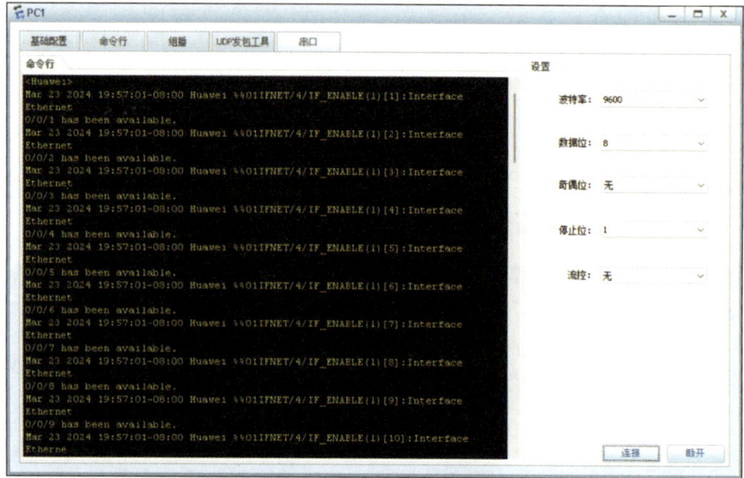

图 1-10　终端仿真界面

任务 2　模拟实验环境搭建

1. 了解华为 eNSP 模拟器。
2. 掌握华为 eNSP 模拟器的安装方法。
3. 掌握华为 eNSP 模拟器的使用方法。

在网络设备配置的过程中，需要使用的网络设备和终端设备较多，搭建真实实验环境相对困难，可使用模拟软件进行网络设备配置。本书所有华为设备配置的网络实验都通过模拟器来进行。

一、eNSP 模拟器简介

eNSP（Enterprise Network Simulation Platform）模拟器（以下简称 eNSP）是一款由华为公司自主开发的、可扩展的、图形化操作的网络仿真工具平台，主要对企业网络路由器、交换机及相关物理设备进行软件仿真，完美呈现真实设备部署实景，支持大型网络模拟，可模拟华为 AR 路由器、X7 系列交换机的大部分特性，还可模拟计算机终端、Hub、云、帧中继交换机等，可以让广大用户有机会在没有真实设备的情况下模拟演练，以便更好地学习网络技术，其界面如图 1-11 所示。

eNSP 可模拟大规模设备组网，还可通过真实网卡实现与真实网络设备的对接。凭借其出色的仿真能力，eNSP 不仅是网络设备配置学习的得力工具，还是网络管理从业者进行设备仿真时不可多得的出色助手。

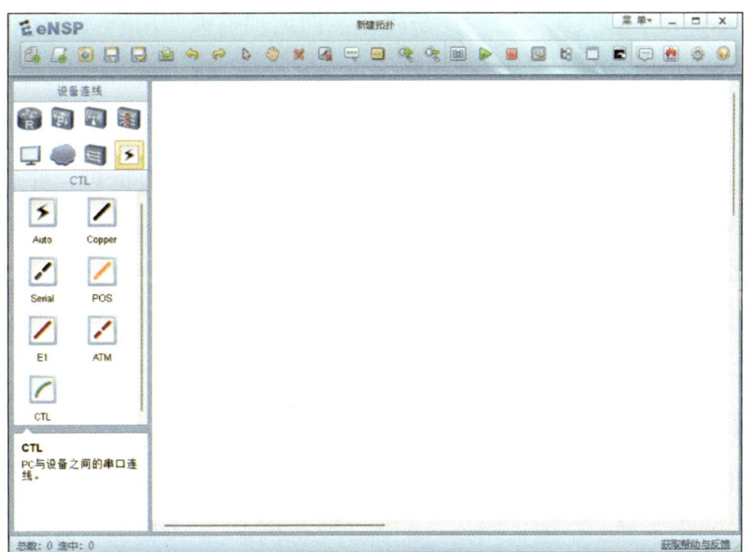

图 1-11　eNSP 模拟器界面

eNSP 基本功能区分布示意图如图 1-12 所示。

本书以“eNSP 1.2.00.510v100r002c00”版本为例，搭建华为网络设备配置学习的实验环境（读者也可使用其他模拟平台或真实设备开展学习）。

二、VirtualBox 简介

VirtualBox 是一款开源的虚拟机软件。用户可以在 VirtualBox 上安装并执行 Oracle

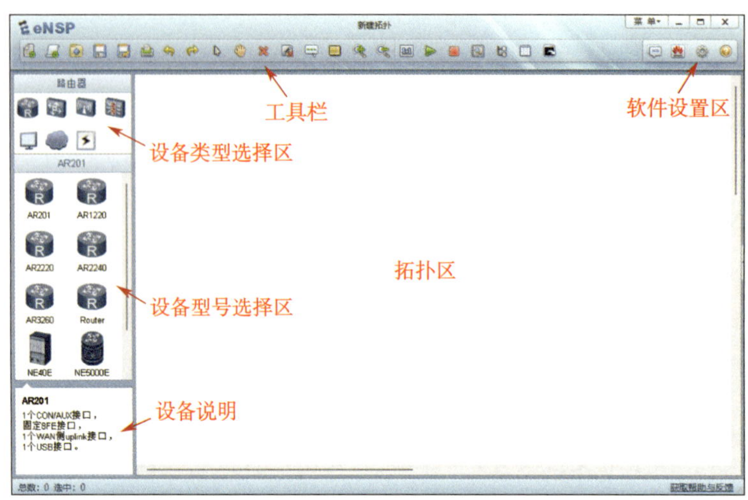

图 1-12　eNSP 基本功能区分布示意图

Solaris、Windows、macOS、Linux 等系统，并将它们设为客户端操作系统。

VirtualBox 具有强大的虚拟能力，并且是完全免费的，eNSP 中的设备可以借助 VirtualBox 的虚拟化能力直接运行操作系统，从而达到媲美使用真实网络设备的仿真能力。本书以“VirtualBox 5.2.44”版本为例进行实验环境的搭建。

三、Wireshark 简介

Wireshark 是一款网络抓包分析软件，其功能是截取网络数据包，并尽可能显示出详细的网络数据包资料。Wireshark 使用 WinPCAP（Windows Packet Capture）作为接口，直接与网卡进行数据报文交换。

为了截取网络传输中的数据内容，辅助网络设备配置的学习，本书以“Wireshark 2.01”版本为例进行实验环境的搭建。

四、实验环境的搭建

1. 添加虚拟网络适配器

先在计算机中添加一个虚拟网络适配器（又称网卡），以便进行后续搭建工作（若只在模拟器内进行实验模拟，此步操作可以省略）。

在“设备管理器”界面执行“操作”→“添加过时硬件”命令，如图 1-13 所示。在弹出的“安装向导”界面中选择“手动安装硬件”选项，在弹出的“添加硬件”界面中添加“Microsoft”厂商的“Microsoft KM-TEST 环回适配器”（即虚拟网卡），如图 1-14 所示。

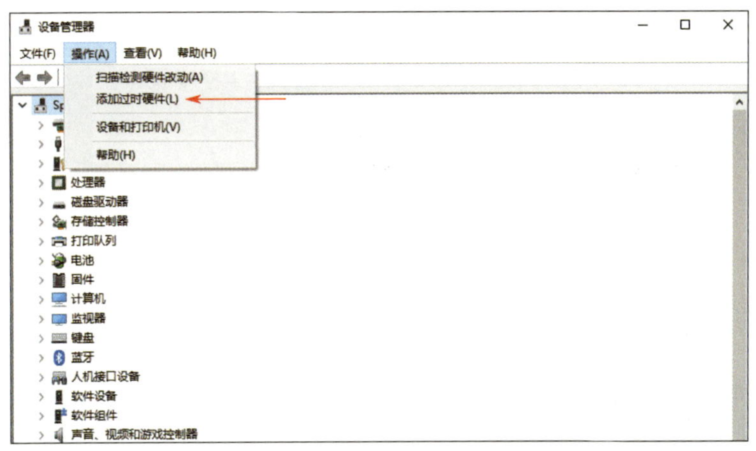

图 1-13　在“设备管理器”界面执行“操作”→“添加过时硬件”命令

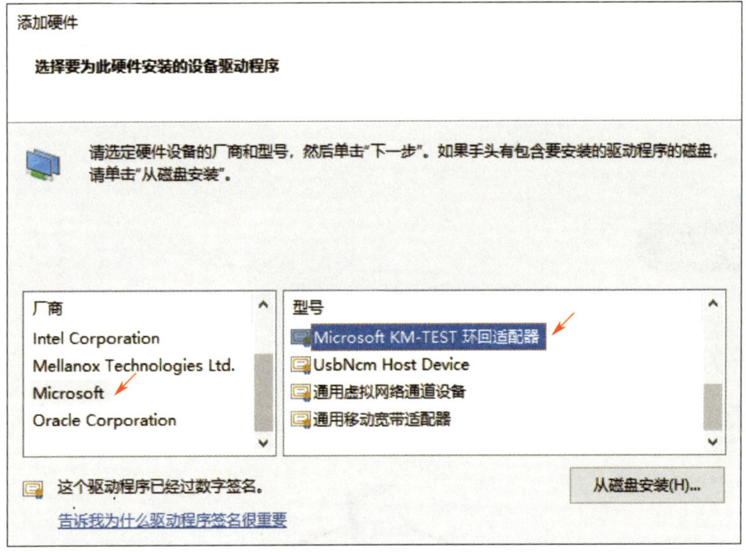

图 1-14　添加虚拟网卡

2. 安装相关软件

下载各个软件安装包，先安装 Wireshark，然后安装 VirtualBox，最后安装 eNSP（安装过程中全部选择默认选项和路径）。

3. 设置防火墙

在“Windows Defender 防火墙”界面中单击“允许应用或功能通过 Windows Defender 防火墙”选项，打开“允许的应用”界面，设置允许 eNSP 访问“专用”和“公用”网络，如图 1-15 所示。

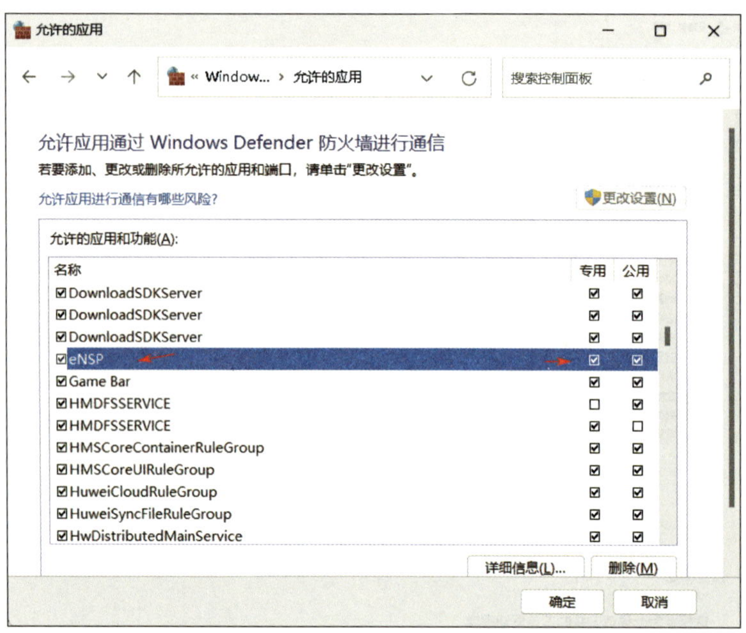

图 1-15　设置防火墙

一、任务描述

本任务要求熟练使用 eNSP 构建实验拓扑，实验拓扑图如图 1-16 所示。

图 1-16　实验拓扑图

二、操作步骤

1. 熟悉 eNSP

（1）熟悉 eNSP 工具栏中各个按钮的功能（鼠标悬停在按钮上可显示其功能）。

（2）打开 eNSP 软件设置区中的设置项，了解软件基本功能的设置方法。

2. 绘制网络拓扑图

（1）在 eNSP 的设备类型选择区中选择交换机，在设备型号选择区中选择 S3700 交换机，并将其拖动到拓扑区。

（2）在设备类型选择区中选择终端，在设备型号选择区中选择 PC，并将其拖动到拓扑区。

（3）在设备类型选择区中选择设备连线，在设备型号选择区中选择“Auto”（自动），在拓扑区中分别单击 PC 和交换机，完成计算机与交换机的连接。

（4）在软件设置区中单击“选项”按钮，打开“界面设置”选项卡，取消勾选“显示设备标签”和“总显示接口标签”选项，如图 1-17 所示。

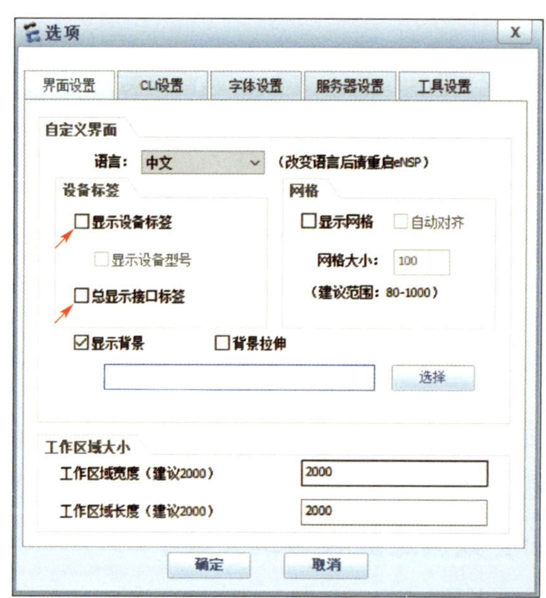

图 1-17 取消勾选“显示设备标签”和“总显示接口标签”选项

（5）在工具栏中单击“文本”按钮，在拓扑区的对应位置单击以添加相应文本标签，便可完成实验拓扑图的构建。

任务 3　数据包抓取与分析

1. 掌握在 eNSP 中捕获网络数据包的方法。
2. 掌握 Wireshark 数据过滤表达式。
3. 掌握解读数据包基本信息的方法。

为了更好地理解各种网络设备的工作原理以及数据传输中数据包的变化，需要获取数据传输中的数据包并对其进行分析。eNSP 可以调用 Wireshark 对实验中的数据包进行捕获和分析。

Wireshark 可以方便地对网络传输端口上的数据包进行捕获和分析，还可以使用数据过滤表达式对数据进行筛选，从而实现对指定数据包的获取，使数据捕获有的放矢。

一、Wireshark 数据过滤表达式关键字

1. 逻辑关系表达式关键字

（1）and：表示“与”逻辑关系。

（2）or：表示“或”逻辑关系。

（3）! 和 not：表示“非”逻辑关系。

2. 比较关系表达式关键字

（1）eq 和 ==：表示“等于”比较关系。

（2）lt：表示“小于”比较关系 。

（3）le：表示“小于等于”比较关系。

（4）gt：表示“大于”比较关系。

（5）ge：表示“大于等于”比较关系。

（6）ne：表示“不等于”比较关系。

多组条件联合过滤数据的表达式是由单个条件命令与关键字“与、或、非”组合而成的。指定数值的过滤表达式可以使用比较关系表达式。

二、Wireshark 数据过滤表达式

1. 针对 IP 的数据过滤表达式

Wireshark 数据过滤表达式中最常用的是针对 IP 地址的过滤。

例如：

（1）若只抓取源地址为 192.168.0.1 的数据，过滤表达式为 ip.src == 192.168.0.1（ip.src 代表源地址）。

（2）若只抓取目标地址为 192.168.0.1 的数据，过滤表达式为 ip.dst == 192.168.0.1（ip.dst 代表目标地址）。

（3）若抓取源地址或者目标地址为 192.168.0.1 的数据，过滤表达式为 ip.src == 192.168.0.1 or ip.dst == 192.168.0.1，也可以使用 ip.addr == 192.168.0.1（ip.addr 代表 IP 地址）。

（4）若捕获不包含源地址为 192.168.0.1 的数据，过滤表达式为 not（ip.src == 192.168.0.1）。

2. 针对协议的数据过滤表达式

例如：

（1）若只捕获 HTTP 协议的数据包，仅需要输入协议的名字即可，过滤表达式为 http。

（2）若捕获多种协议（HTTP 或 Telnet 协议）的数据包，只需对协议进行逻辑组合即可，过滤表达式为 http or telnet。

（3）若捕获源地址为 192.168.0.1 的 HTTP 数据，过滤表达式为 ip.src == 192.168.0.1 and http。

3. 针对端口的数据过滤表达式

例如：

（1）若捕获源地址为 192.168.0.1、TCP 端口号为 80 的数据，过滤表达式为 ip.src == 192.168.0.1 and tcp.port == 80。

（2）若捕获源地址为 192.168.0.1、UDP 端口号大于等于 2048 的数据，过滤表达式为 ip.src == 192.168.0.1 and udp.port ge 2048。

一、任务描述

本任务要求使用项目一任务 2 的实验拓扑，对数据进行基本的抓取与解读。

二、操作步骤

1. 为 PC1 与 PC2 设置 IP 地址

在 eNSP 中分别双击 PC1 和 PC2，打开对应 PC 界面，在“基础配置”选项卡中把 IP 地址分别设置为 192.168.1.1 和 192.168.1.2，掩码设置为 255.255.255.0，为 PC1 设置 IP 地址如图 1–18 所示。

图 1–18　为 PC1 设置 IP 地址

2. 让 PC1 不断向 PC2 发送 Ping 包

在 PC1 的“命令行”选项卡中输入 ping 192.168.1.2 –t，如图 1–19 所示。

3. 在指定端口上进行数据捕获

右击 PC1，选择“数据抓包”中的 PC1 端口（Ethernet 0/0/1），会打开 Wireshark 的数据捕获界面，如图 1–20 所示，并开始对该端口进行抓包。

4. 分析捕获的数据

（1）单击 Wireshark 软件工具栏上的“■”按钮（或执行“捕获”→“停止”命令），即可停止当前的数据捕获。

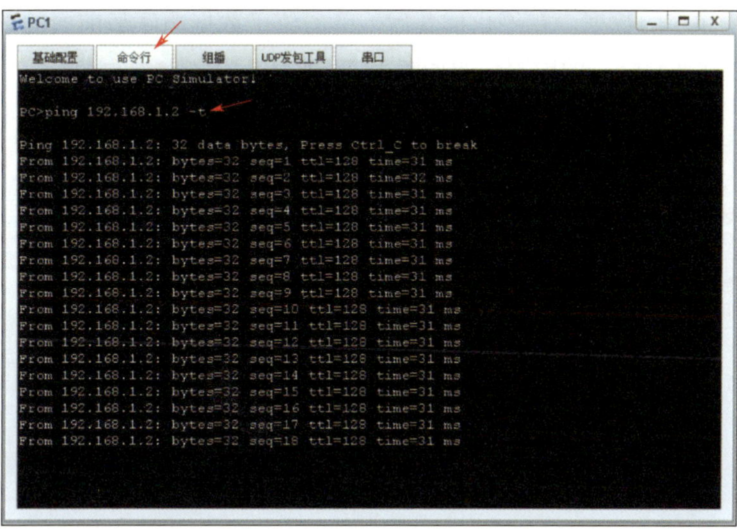

图 1-19　让 PC1 不断向 PC2 发送 Ping 包

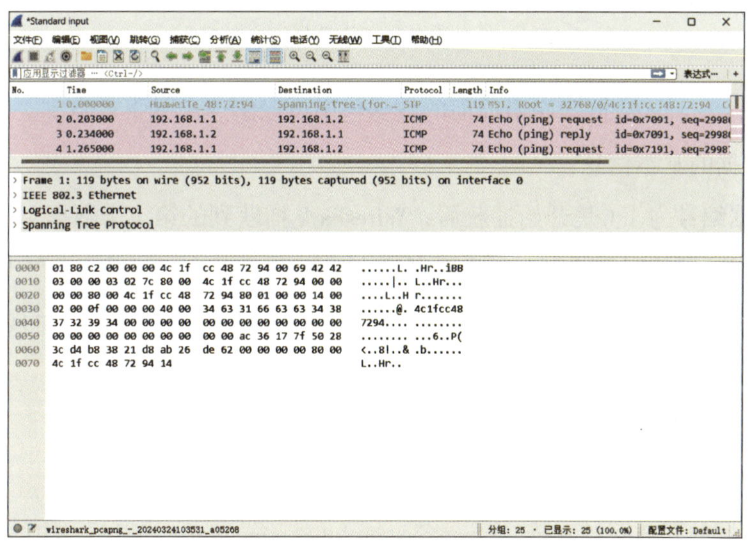

图 1-20　Wireshark 的数据捕获界面

（2）因本任务只需要获取与 PC1 有关的数据包，可以输入过滤表达式 ip.addr == 192.168.1.1（只显示与 192.168.1.1 相关的数据），如图 1-21 所示。

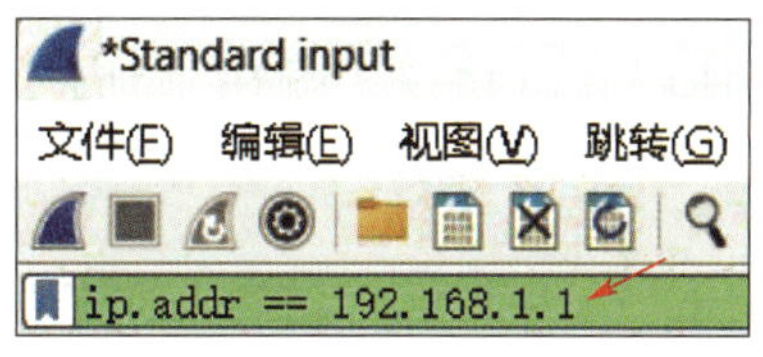

图 1-21　输入过滤表达式

（3）解读捕获的数据。在停止捕获后，单击位于数据顺序最前面的数据包，即可得到结果，数据捕获结果的内容说明如图 1–22 所示。

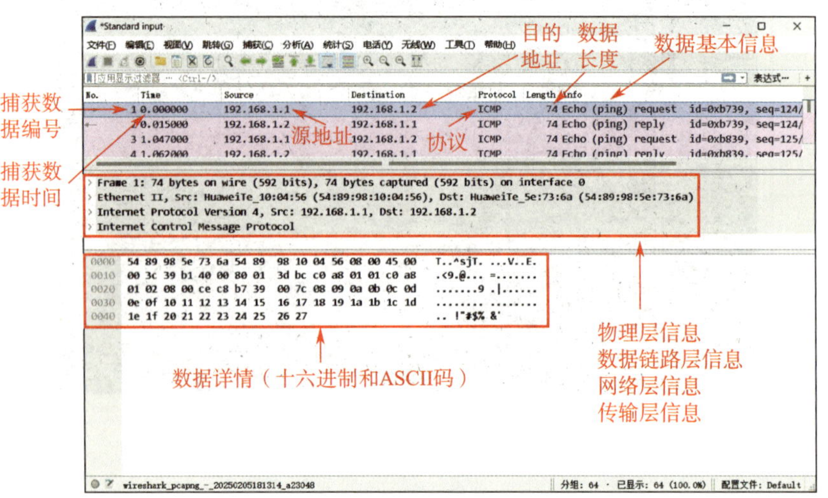

图 1–22　数据捕获结果的内容说明

根据图 1–22，从数据顺序最前面的数据包中可以解读出如下信息。

1）该数据的基本信息：

①该数据编号为 1（是开始捕获后，Wireshark 捕获到的第 1 个数据）。

②该数据的捕获时间为开始捕获后的 0.000 秒。

③该数据是从 192.168.1.1（源地址）发往 192.168.1.2（目的地址）的数据。

④该数据是一个 ICMP 协议的数据。

⑤该数据的数据长度为 74 个字节。

⑥该数据的基本信息（Ping 的请求数据包及相关信息）。

2）该数据的开放系统互连（Open System Interconnection，OSI）层次信息：

①物理层信息。在 interface 0（网卡接口号）捕获到 74 字节的数据。

②数据链路层信息。该数据的源介质访问控制（Medium Access Control，MAC）地址是 54:89:98:10:04:56，该数据的目标 MAC 地址是 54:89:98:5e:73:6a（其中，54:89:98 是华为厂商编号）。

③网络层信息。该数据使用 IPv4 协议，源 IP 地址是 192.168.1.1，目标 IP 地址是 192.168.1.2。

④传输层信息。该数据是一个 Internet Control Message Protocol（ICMP）数据。

3）该数据的详情。包括十六进制及其对应的 ASCII 字符。

项目二
网络设备命令系统

任务 1　命令系统基础

1. 了解华为 VRP 通用路由平台。
2. 掌握 VRP 基础命令的使用技巧和方法。

在项目一中，我们学习了进入设备命令行界面（CLI）的方法，那么进入命令行界面后，该如何对设备进行配置呢？如何使用命令呢？

一、VRP 简介

VRP（Versatile Routing Platform）即通用路由平台，是华为公司在通信领域多年的研究结晶，是华为所有基于 IP/ATM 构架的数据通信产品操作系统平台，也是华为路由器、以太网交换机、业务网关等设备的软件核心引擎。简单来说，VRP 可以理解为在华为网络设备中安装的一套专门用于实现网络功能的系统，对该系统进行配置，就是对网络设备进行配置。

在项目一任务 2 搭建的实验环境中，右击交换机（S3700），在弹出的菜单栏中选择“启动”，即可启动模拟器中的交换机；在拓扑区中双击交换机或右击交换机后再选择“Cli”，即可进入华为 VRP 的命令行配置界面（后文统称为命令行界面），如图 2-1 所示。

图 2-1　华为 VRP 的命令行配置界面

二、VRP 视图

1. 用户视图

在连接上命令行界面后，默认打开用户视图，此时命令提示符为 <Huawei>，在用户视图下可以查看设备运行状态、统计信息和执行一些基本的文件操作，故此视图也被称为查看模式。

2. 系统视图

在用户视图下输入 system-view 命令，即可进入系统视图，此时命令提示符会变成 [Huawei]。在该视图下，用户可以配置系统参数，还可以进入其他功能的配置视图。

3. 配置视图

在系统视图下对设备不同接口或功能进行配置，会进入对应的配置视图（如接口视图或功能视图等）。

4. 返回上一层视图

在输入 system-view 命令进入系统视图后，如需返回用户视图，可输入 quit 命令。

视图切换操作如图 2-2 所示。

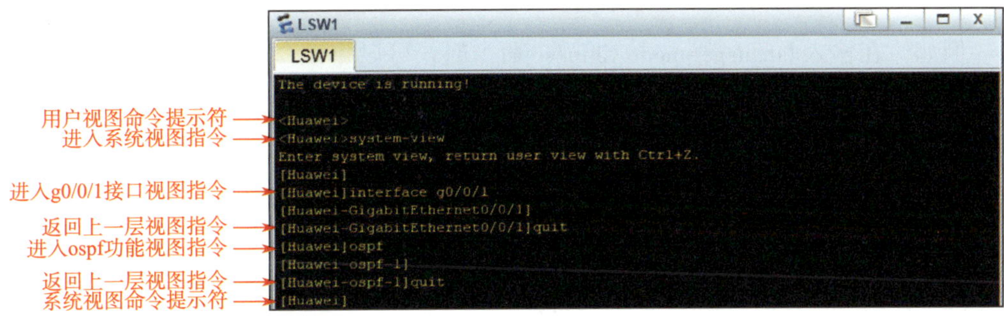

图 2-2　视图切换操作

三、VRP 基础命令

1. 常用基础命令（命令不区分大小写）

（1）language-mode Chinese/English：语言模式（中 / 英文模式设置）。

（2）terminal monitor：开启所有信息类输出；undo terminal monitor：关闭所有信息类输出。

（3）system-view：进入系统视图。

（4）sysname：配置设备名称（此命令必须在系统视图中输入）。

（5）display current-configuration：查看当前运行的配置文件。

（6）display clock：查看系统时间和日期信息。

（7）clock datetime HH:MM:SS　YYYY-MM-DD：设置时间日期信息。

（8）save：保存当前配置。

（9）?：帮助信息（显示当前可输入命令列表）。

2. 命令输入技巧

（1）使用 Tab 键补全命令

例如，在输入 system-view 命令时，可以输入 sys 后按下 Tab 键，以自动补全命令（若存在 sys 开头的其他命令，可多次按 Tab 键切换命令）。

（2）使用上、下方向键重复输入历史命令

例如，使用上、下方向键可显示之前输入过的命令，以进行重复输入或修改对应命令。

（3）使用 ? 查看帮助信息

例如，在输入 language-mode 命令后，若不知道后面可以使用什么二级命令或参数，可以输入 language-mode/? 命令以查看二级命令或参数的相关帮助信息。

（4）简写命令

例如，在输入 language-mode Chinese 命令时，可以将该命令简写为 lan chi（在没有其他相同单词拼写开头的命令时才可以简写，以免引起歧义）。

（5）使用 undo 取消命令

例如，输入 terminal monitor 开启所有信息类输出后，输入 undo terminal monitor 即可关闭所有信息类输出。

（6）使用 Ctrl+Z 组合键返回用户视图

例如，在任意视图中，可使用 Ctrl+Z 组合键返回用户视图。

一、任务描述

本任务要求在 eNSP 模拟环境的拓扑区拖入网络设备（以 S3700 交换机为例）进行实验，熟悉 VRP 基础命令。

二、操作步骤

1. 设置语言模式

（1）启动 S3700 交换机，打开交换机命令行界面。若屏幕上显示“########”样式，则表示设备正在启动中，设备启动完成后，会出现用户视图命令提示符 <Huawei>。

（2）输入 language-mode Chinese 命令（可使用补全、简写方式输入命令），然后输入 Y 进行确认，即可切换到中文语言环境。

（3）输入 language-mode English 命令切换到英文语言环境。

（4）切换完成时，命令行界面会显示提示信息（提示：改变语言模式成功）。

所有命令的输入不区分大小写，设置语言模式的流程如图 2-3 所示。

2. 关闭 / 开启信息类输出

在设备配置过程中，设备会输出各种调试及日志信息。如果不想这些信息干扰命令输入，可使用 undo terminal monitor 命令关闭所有信息类输出，也可以使用 terminal monitor 命令重新开启信息类输出，关闭 / 开启信息类输出的流程如图 2-4 所示。

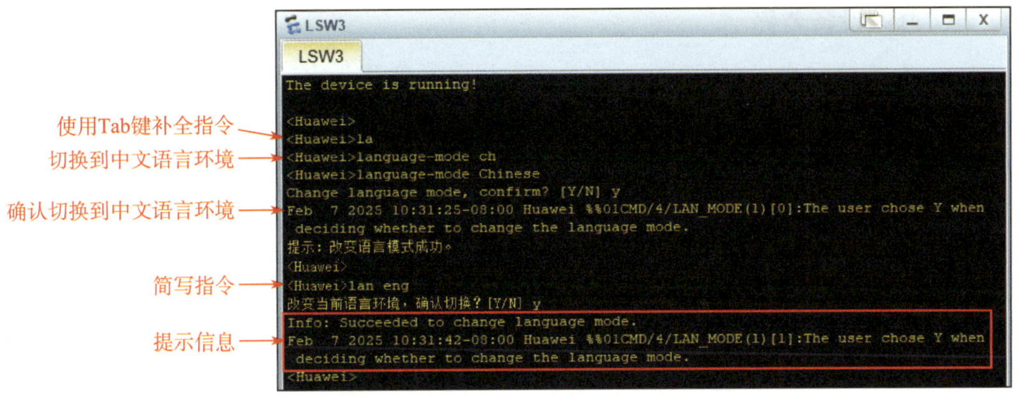

图 2-3　设置语言模式的流程

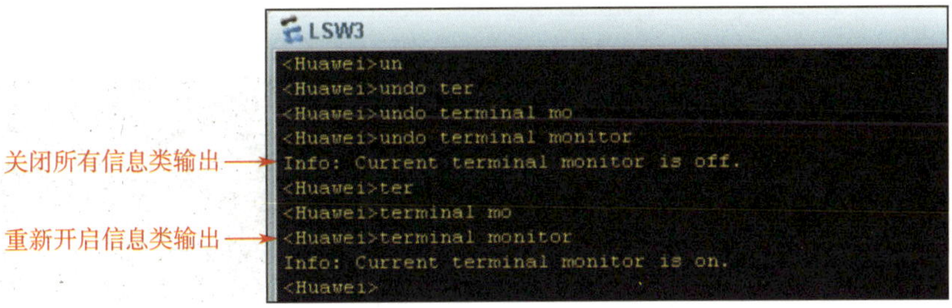

```
<Huawei>un
<Huawei>undo ter
<Huawei>undo terminal mo
<Huawei>undo terminal monitor
Info: Current terminal monitor is off.
<Huawei>ter
<Huawei>terminal mo
<Huawei>terminal monitor
Info: Current terminal monitor is on.
<Huawei>
```

关闭所有信息类输出

重新开启信息类输出

图 2-4　关闭 / 开启信息类输出的流程

3. 设置及查看设备系统日期和时间

（1）网络设备的某些功能是基于时间的（如设置可上网时间段等），因此需要为设备设置系统时间。

（2）以设置系统日期和时间为“2024 年 2 月 1 日 19 点 30 分 00 秒”为例，在用户视图下输入 clock datetime 19:30:00 2024-2-1 命令。

（3）使用 display clock 命令可查看当前系统日期和时间。

设置及查看设备系统日期和时间的流程如图 2-5 所示。

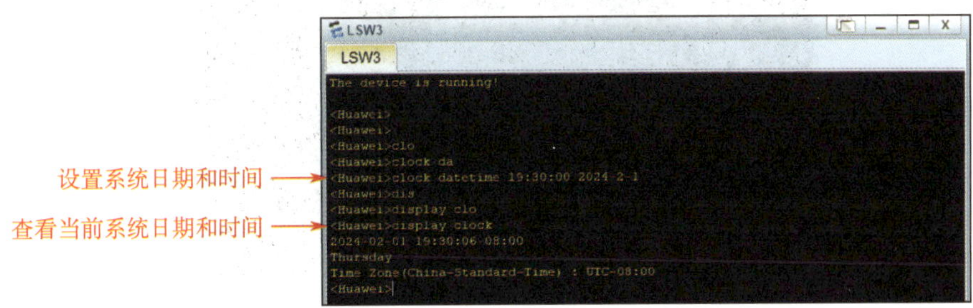

图 2-5　设置及查看设备系统日期和时间的流程

4. 修改设备名称

（1）在实际网络使用场景中，华为网络设备的默认名称都是 Huawei，所以用户视图中命令提示符为 <Huawei>。为了区分网络中的多个设备，一般需要为不同的设备配置不同的名称。

（2）因为配置设备名称命令需要在系统视图下输入，应先使用 system-view 命令进入系统视图。

（3）以把设备名称改为 test 为例，在系统视图下输入 sysname test 命令即可。

（4）执行以上命令后，可看到命令提示符已经从 [Huawei] 改为 [test]。

修改设备名称的流程如图 2-6 所示。

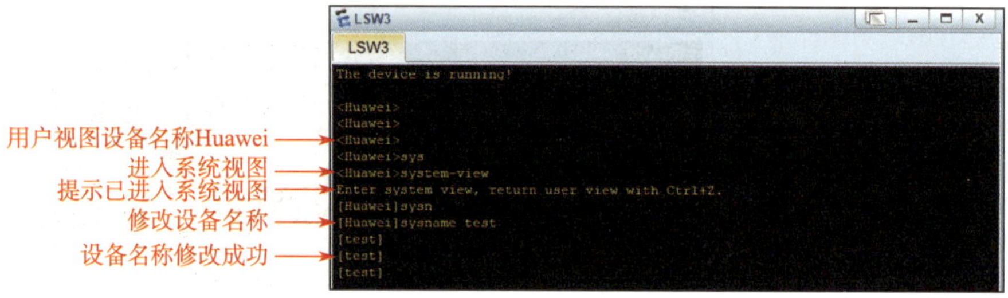

用户视图设备名称Huawei
进入系统视图
提示已进入系统视图
修改设备名称
设备名称修改成功

```
LSW3
The device is running!

<Huawei>
<Huawei>
<Huawei>
<Huawei>sys
<Huawei>system-view
Enter system view, return user view with Ctrl+Z.
[Huawei]sysn
[Huawei]sysname test
[test]
[test]
[test]
```

图 2-6　修改设备名称的流程

5. 保存当前配置

（1）对设备进行的配置操作只会影响设备的当前配置，如果没有将其保存，设备重启后将重置所有配置。

（2）在用户视图中输入 save 命令，然后输入 Y 确认保存即可。

保存当前配置的流程如图 2-7 所示。

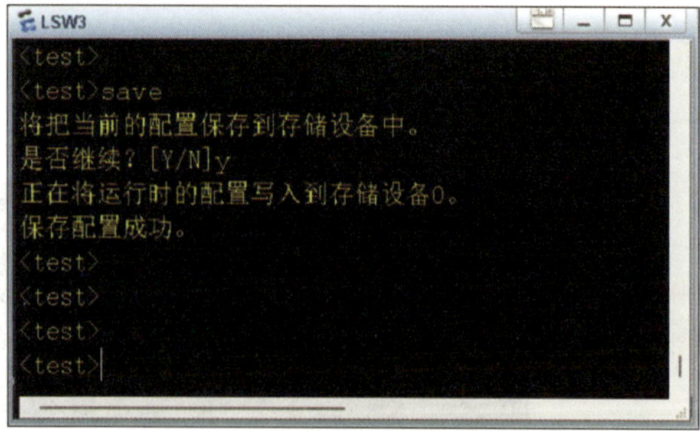

图 2-7　保存当前配置的流程

不建议初学者保存学习过程中的配置，在配置出错并无法找到问题所在的情况下，若没有保存过配置，只需重启设备即可恢复设备的初始状态，以便重新进行实验。

任务 2　基本文件操作

1. 了解华为网络设备的文件系统。
2. 掌握查看文件和文件夹的命令。
3. 掌握华为网络设备的基本文件操作命令。

网络设备不仅能实现相应功能，还具备存储能力，它可以保存或备份设备的相关文件（如日志文件和配置文件等），也可以充当文件服务器，提供文件传输等服务。

一、文件系统简介

华为网络设备自带一定容量的存储空间，可存储配置文件和日志文件等，这部分存储空间的载体是闪存（flash）。

在项目一任务 2 搭建的实验环境中，进入 S3700 交换机的命令行界面，在用户视图中输入 dir 命令，即可查看当前存储文件及文件夹列表，如图 2-8 所示。

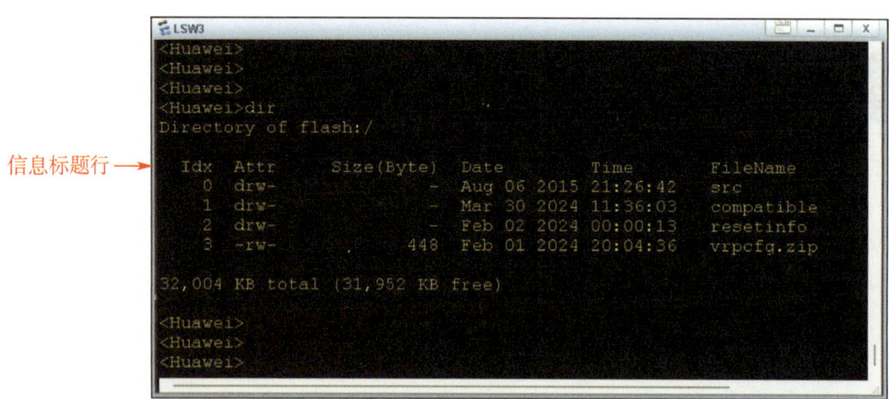

图 2-8　使用 dir 命令查看当前存储文件及文件夹列表

在图 2-8 中，Directory of flash:/ 是指当前列出的文件和文件夹的路径为闪存的根目录。

在列出的文件和文件夹的信息标题行中，Idx 指顺序号，Attr 指属性（其中，d 表示文件夹，r 表示读取权限，w 表示写入权限），Size（Byte）指占用空间，Date 指修改日期，Time 指修改时间，FileName 指文件或文件夹名。

例如：

1. “1　drw-　-　Mar 30 2024　11:36:03　compatible”的含义是“compatible”文件夹的修改时间为 2024 年 3 月 30 日 11 时 36 分 3 秒，其具备读写权限。

2. “3　-rw-　448　Feb 01 2024　20:04:36　vrpcfg.zip”的含义是“vrpcfg.zip”文件的修改时间为 2024 年 2 月 1 日 20 时 4 分 36 秒，其具备读写权限，占用存储空间为 448 B。

“32,004 KB total（31,952 KB free）”则表示存储空间为 32 004 KB，剩余空间为 31 952 KB。

二、基本文件操作命令

基本文件操作命令都是在命令行界面的用户视图中输入的，各基本文件操作命令的相关说明如下。

1. 查看类命令

（1）pwd：查看当前路径信息。

（2）dir：查看当前路径下的文件和文件夹信息。

（3）more：查看文本文件的具体内容。

2. 文件夹操作命令

（1）cd：切换路径。

（2）mkdir：创建文件夹。

（3）rmdir：删除文件夹。

（4）cd ..：返回上一级路径。

3. 文件操作命令

（1）copy：复制文件。

（2）move：移动文件。

（3）rename：重命名文件。

（4）zip：压缩文件。

（5）unzip：解压缩文件。

（6）delete：删除文件。

（7）undelete：恢复被删除的文件。

（8）reset recycle-bin：清空回收站，彻底删除文件。

4. 路径表达方式命令

参考 Windows 系统文件命令的表达方式即可。

例如，在设备根目录下的“ABC”文件夹里的“ABC.txt”文件，其路径表达方式命令同 URL，即“Flash:/ABC/ABC.txt”。

一、任务描述

本任务要求在 eNSP 模拟环境的拓扑区拖入网络设备（以 S3700 交换机为例）进行实验，熟悉华为设备的基本文件操作方法。本任务的实验拓扑图如图 2-9 所示。

图 2-9　实验拓扑图

二、操作步骤

1. 查看设备根目录文件

进入设备命令行界面，输入 language-mode Chinese 命令，切换到中文语言模式，然后输入 dir 命令，即可得到设备根目录（初始路径就是根目录）下的文件及文件夹列表，如图 2-8 所示。

其中，“src”“compatible”“resetinfo”为系统默认文件夹，“vrpcfg.zip”是设备配置的压缩文件（如无此文件，可执行一次 save 命令来保存配置，即可生成此文件）。

2. 切换与查看路径

（1）进入设备命令行界面，输入 cd src 命令，然后输入 pwd 命令，即可看到界面从 flash:路径切换到 flash:/src 路径。

（2）输入 cd .. 命令（注意此处“cd”和“..”之间有空格），然后输入 pwd 命令，即可看到界面从 flash:/src 路径返回到 flash:路径。

切换与查看路径的流程如图 2-10 所示。

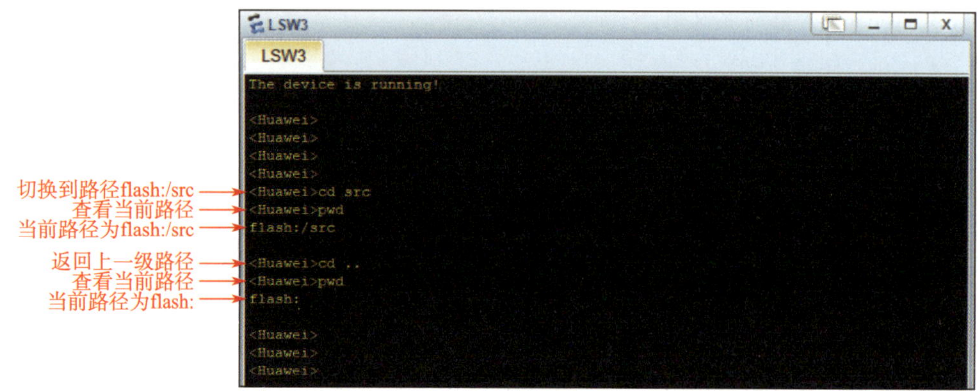

图 2-10 切换与查看路径的流程

小提示

当前路径的前缀可省略。例如，从根目录 flash:切换到 flash:/src 时，可用 cd src 代替 cd flash:/src。

3. 创建与删除文件夹

（1）输入 mkdir aaa 命令（创建“aaa”文件夹）后，输入 dir 命令查看当前文件和文件夹列表，即可看到已创建文件夹“aaa”，创建文件夹的流程如图 2-11 所示。

（2）输入 rmdir aaa 命令（删除“aaa”文件夹）并确认后，输入 dir 命令查看当前文件和文件夹列表，即可看到已删除文件夹“aaa”，删除文件夹的流程如图 2-12 所示。

4. 解压与查看文件

（1）输入 unzip vrpcfg.zip 1.txt 命令（解压“vrpcfg.zip”配置文件为“1.txt”文件）并确认后，输入 dir 命令查看当前文件和文件夹列表，即可看到“vrpcfg.zip”配置文件已被解压为“1.txt”文件，解压文件的流程如图 2-13 所示。

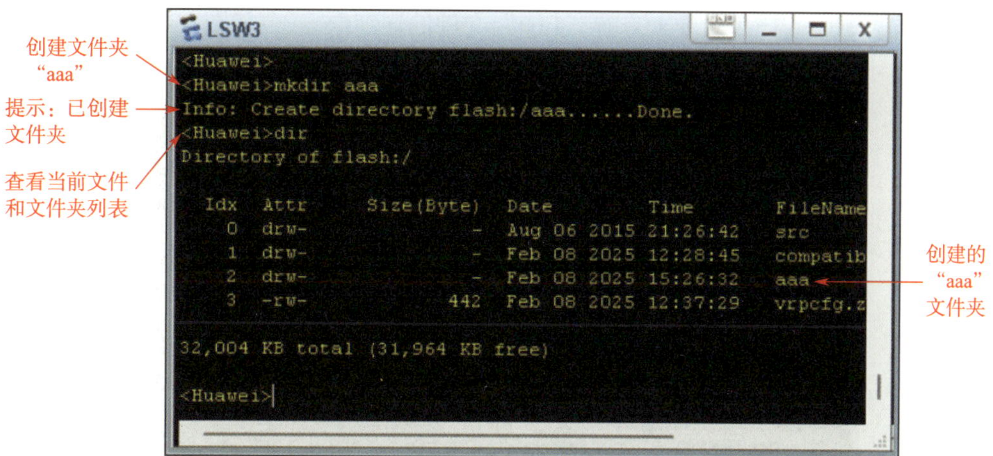

图 2-11　创建文件夹的流程

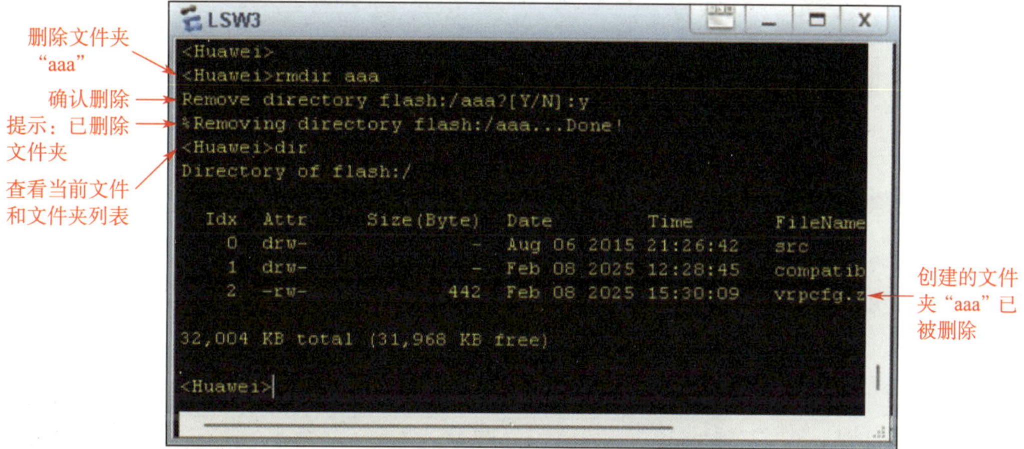

图 2-12　删除文件夹的流程

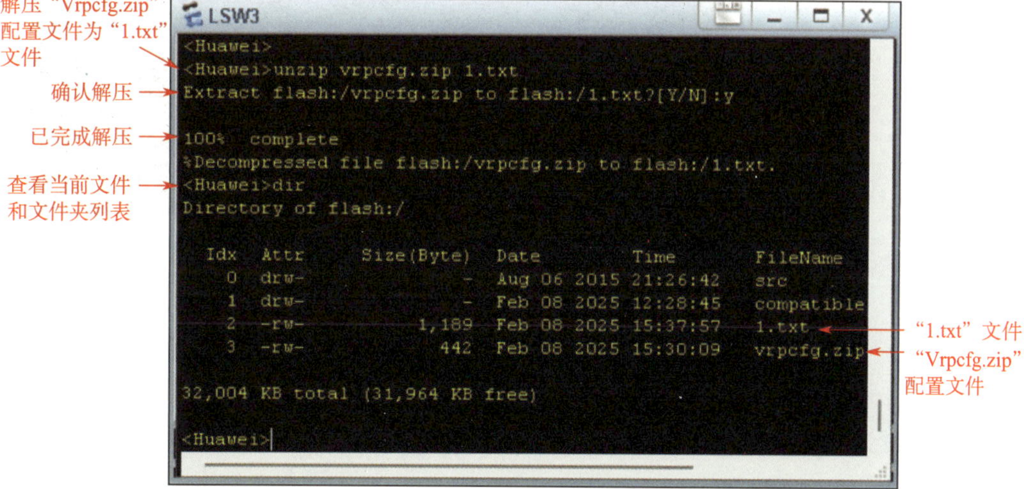

图 2-13　解压文件的流程

（2）输入 more 1.txt 命令（查看“1.txt”文件的详细内容），如图 2-14 所示。

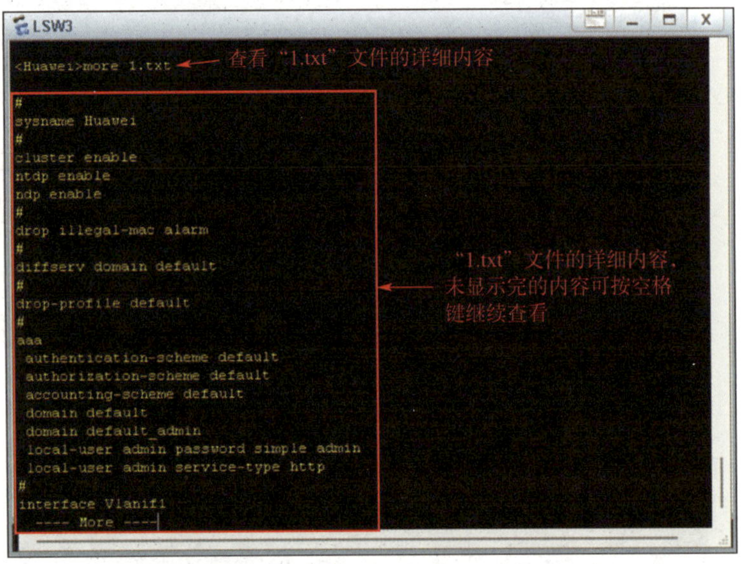

图 2-14　查看“1.txt”文件的详细内容

5. 删除与恢复文件

（1）输入 delete 1.txt 命令（删除“1.txt”文件）并确认后，输入 dir 命令查看当前文件和文件夹列表，即可看到“1.txt”文件已被删除，删除文件的流程如图 2-15 所示。

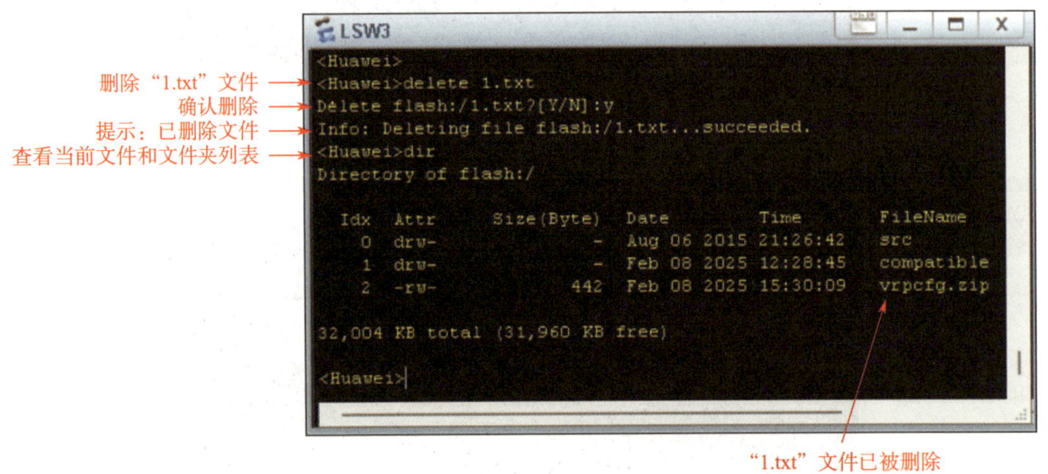

图 2-15　删除文件的流程

（2）输入 undelete 1.txt 命令（恢复“1.txt”文件）并确认后，输入 dir 命令查看当前文件和文件夹列表，即可看到“1.txt”文件已被恢复，恢复文件的流程如图 2-16 所示。

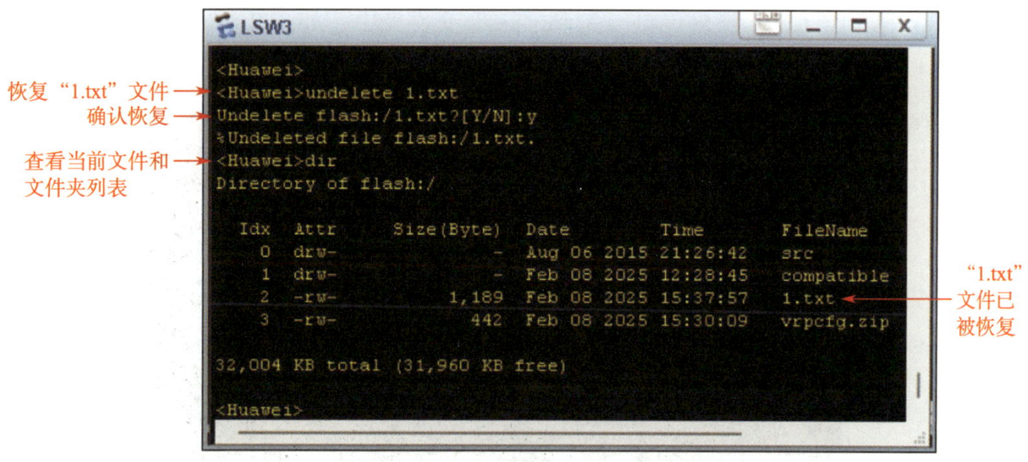

图 2-16　恢复文件的流程

小提示

如使用 reset recycle-bin 命令清空回收站后，原回收站内文件无法被恢复。

6. 复制文件

（1）输入 copy 1.txt flash:/src 命令（复制"1.txt"文件到根目录的"src"文件夹中）并确认后，输入 dir 命令查看当前文件和文件夹列表，即可看到"1.txt"文件仍存在于根目录中，复制文件的流程如图 2-17 所示。

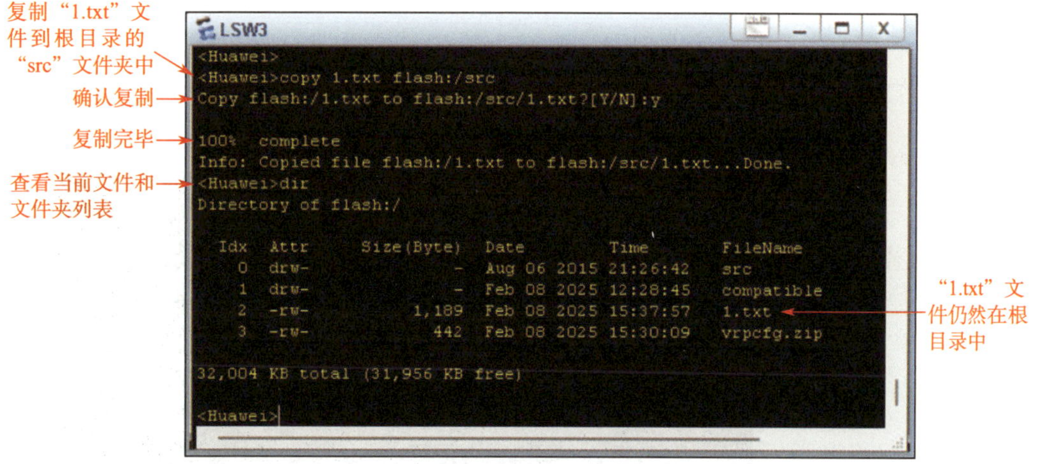

图 2-17　复制文件的流程

（2）输入 cd src 命令（切换到 src 路径）后，输入 dir 命令查看当前文件和文件夹

列表，即可看到“1.txt”文件已被复制到“src”文件夹中，如图 2-18 所示。

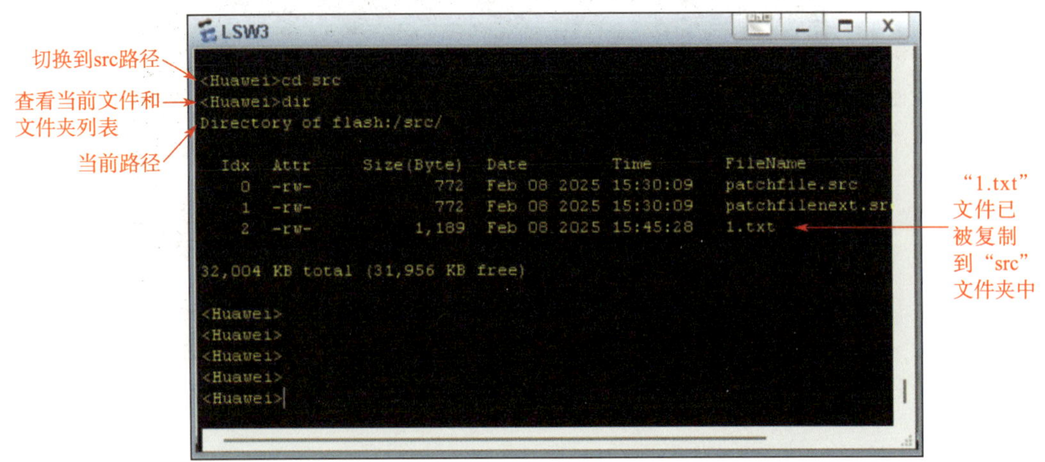

图 2-18 “1.txt”文件已被复制到“src”文件夹中

7. 移动文件

（1）输入 move 1.txt flash:/src 命令（移动“1.txt”文件到根目录的“src”文件夹中）并确认后，输入 dir 命令查看当前文件和文件夹列表，即可看到“1.txt”文件已不存在了。输入 cd src 命令（切换到 src 路径）后，输入 dir 命令查看当前文件和文件夹列表，即可看到“1.txt”文件已被移动到“src”文件夹中。

（2）复制文件和移动文件的区别是复制文件时保留源文件（相当于备份文件），移动文件时不保留源文件。

8. 重命名文件

输入 rename 1.txt 2.txt 命令（重命名“1.txt”文件为“2.txt”文件）并确认后，输入 dir 命令查看当前文件和文件夹列表，即可看到“1.txt”文件已被重命名为“2.txt”文件，重命名文件的流程如图 2-19 所示。

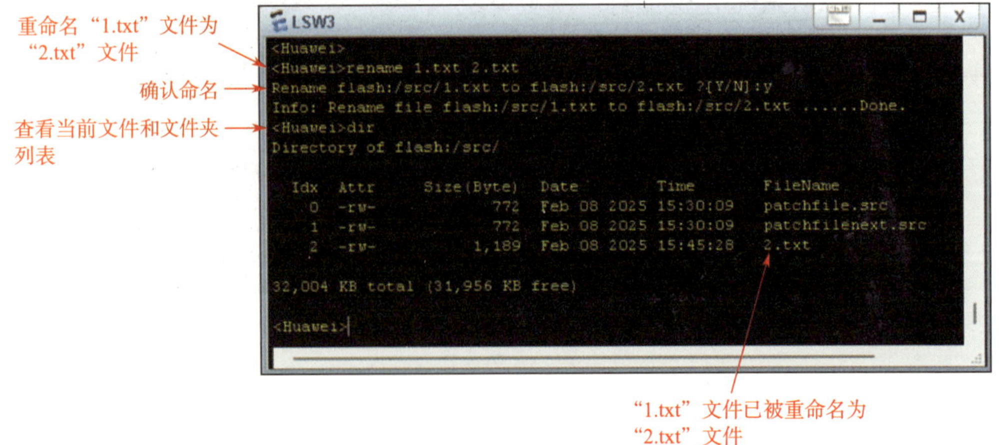

图 2-19 重命名文件的流程

任务 3　设备备份、恢复与升级

1. 掌握 eNSP 模拟器 FTP 服务器的使用方法。
2. 掌握为华为网络设备设置配置文件和系统文件的方法。
3. 掌握华为网络设备系统升级的方法。

华为网络设备的基本文件操作都是在本地进行的。在网络设备本身的 VRP 系统升级时，需要从远端主机获取新版的系统文件；在网络设备的配置需要备份时，也需要使用远端主机进行存储，否则设备损坏后本地文件会无法被读取。那么，如何在远端主机上进行相关文件的存取呢?

一、eNSP 模拟器 FTP 服务器设置

FTP 服务器（File Transfer Protocol Server）即文件传输服务器，在 eNSP 中可以使用 FTP 服务器进行服务器的相关操作。

1. 选择服务器（Server）

使用 eNSP 选择终端设备中的服务器，并将其拖动到拓扑区，拓扑图如图 2–20 所示。

图 2–20　拓扑图

2. 打开设置界面

双击该服务器打开对应界面，单击“基础配置”选项卡，如图 2–21 所示，可对服务器 IP 地址、子网掩码、网关和域名服务器（DNS）进行基本设置。

3. 设置服务器信息

（1）单击“服务器信息”选项卡，可对服务器信息进行设置。

（2）单击界面左侧的“FtpServer”把该服务器设置为 FTP 服务器（文件传输服务器）。

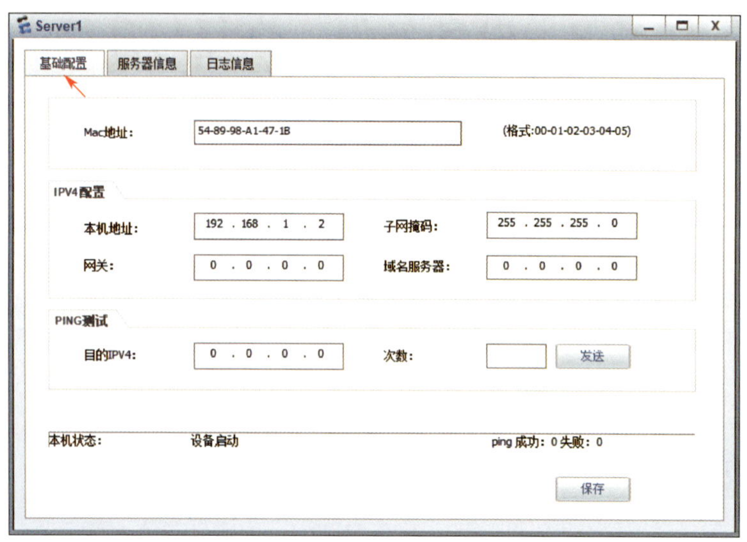

图 2-21 “基础配置”选项卡

（3）在计算机桌面上创建测试文件夹“test”。

（4）在“服务器信息”选项卡右侧的配置窗内把测试文件夹“test”的路径填入“文件根目录”中。

（5）单击“启动”按钮，即可启动 FTP 服务器，为网络提供文件传输服务，如图 2-22 所示。

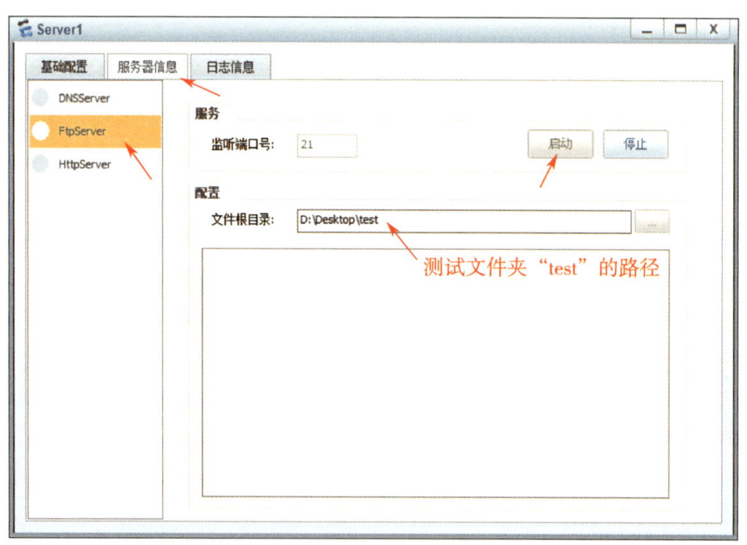

图 2-22 设置 FTP 服务器信息并启动 FTP 服务器

二、配置文件和系统文件

1. 配置文件

在项目二任务 2 中，我们已经知道华为设备的默认配置文件名为“vrpcfg.zip”（*.zip 格式文件是压缩的配置文件，*.cfg 格式文件是未压缩的配置文件）。

2. 系统文件

华为设备的系统文件如图 2–23 所示，解压后为 *.cc 格式的文件。可在华为官网上下载新版的设备系统文件来对其进行更新和升级。

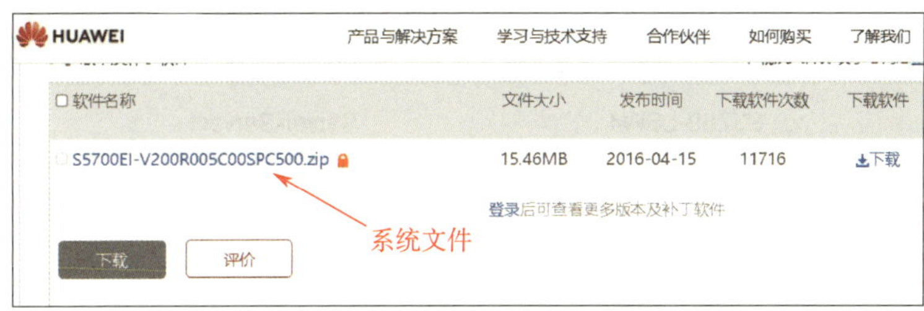

图 2–23　华为设备的系统文件

3. 使用指定配置文件的方法

例如，指定系统重启后使用根目录下的“vrpcfg.zip”文件作为配置文件，应在用户视图下输入 startup saved–configuration flash:/vrpcfg.zip 命令，使用指定配置文件的流程如图 2–24 所示。

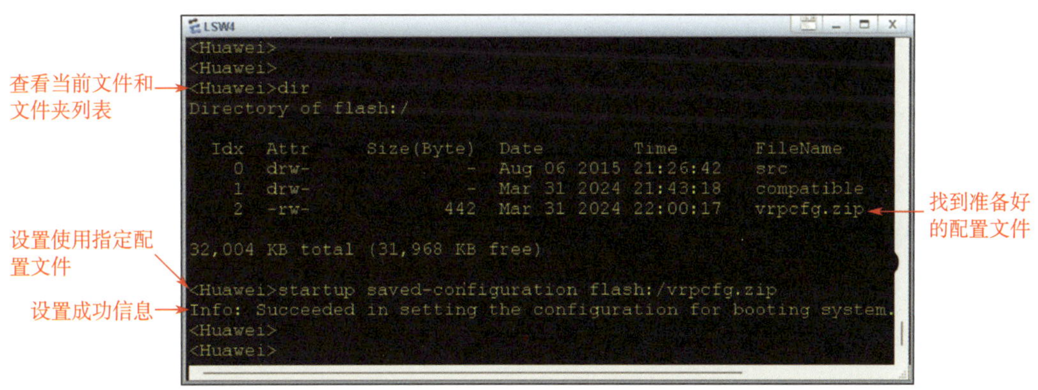

图 2–24　使用指定配置文件的流程

4. 使用指定系统文件的方法

例如，指定系统重启后使用根目录下的“S5700.cc”文件作为系统文件，应在用户视图下输入 startup system–software flash:/S5700.cc 命令。

一、任务描述

本任务要求对华为网络设备的配置文件进行备份，并升级系统文件。在 eNSP 中构建实验拓扑图，如图 2–25 所示。

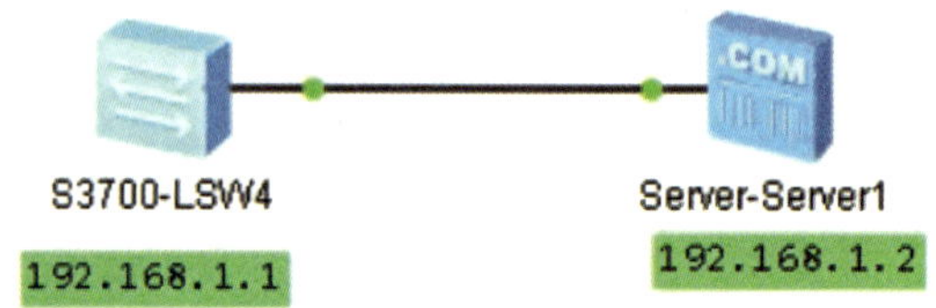

图 2–25　实验拓扑图

二、操作步骤

1. 为 S3700 交换机和 FTP 服务器设置 IP 地址

（1）为 S3700 交换机设置 IP 地址和子网掩码

双击 S3700 交换机，进入命令行界面的用户视图，输入命令流程如下：

```
<Huawei>system-view
# 进入系统视图
Enter system view, return user view with Ctrl+Z.
# 提示信息：按 Ctrl+Z 组合键可返回用户视图
[Huawei]interface vlan 1
# 设置 VLAN1 参数
[Huawei-Vlanif1]ip address 192.168.1.1 24
#IP 地址为 192.168.1.1，子网掩码为 24 位（也就是 255.255.255.0）
# 登录 FTP 服务器的功能在用户视图中才可使用
```

（2）为 FTP 服务器设置 IP 地址和子网掩码

IP 地址为 192.168.1.2，子网掩码为 255.255.255.0。

2. 把配置文件上传到服务器

（1）在用户视图下，使用 ftp 192.168.1.2 命令连接到 FTP 服务器，上传系统配置文件，其流程如图 2–26 所示。

（2）打开“test”测试文件夹，发现配置文件上传成功，服务器上的配置文件如图 2–27 所示。

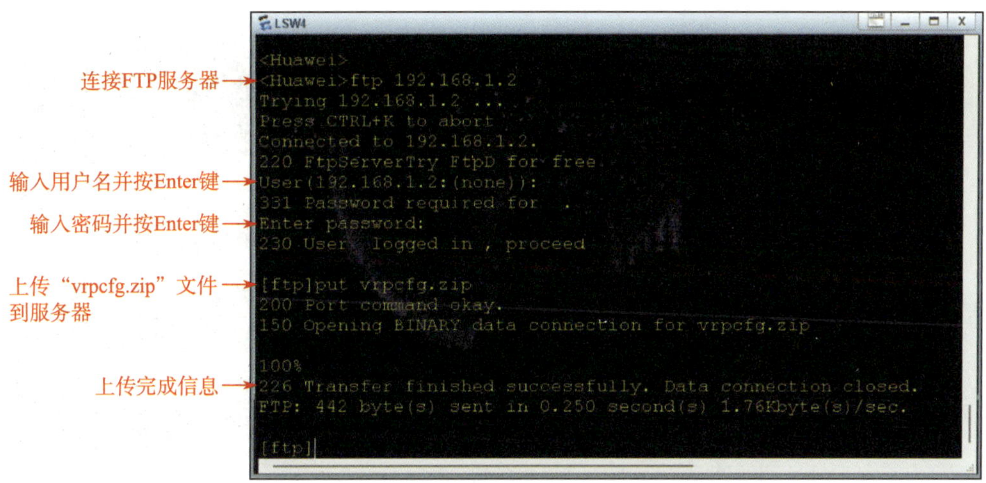

图 2-26 上传系统配置文件的流程

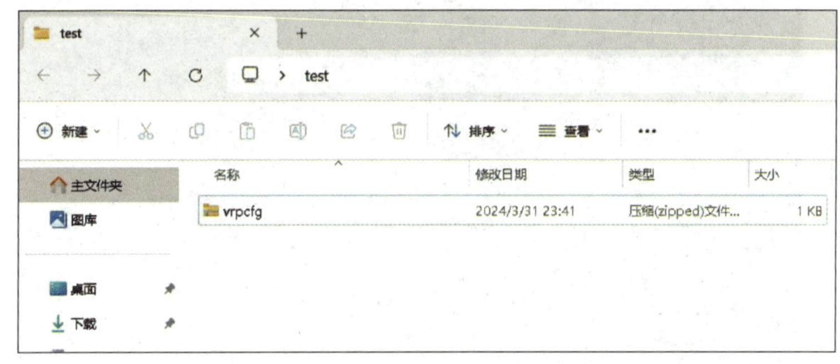

图 2-27 服务器上的配置文件

3. 下载备份文件并设置为配置文件

（1）将服务器上的“vrpcfg.zip”文件重命名为“backup.zip”。

（2）将交换机 S3700 连接到 FTP 服务器，在用户视图中输入 get backup.zip 命令，下载备份文件“backup.zip”，流程如图 2-28 所示。

（3）使用 quit 命令退出连接，然后使用 dir 命令查看当前文件和文件夹列表，可以看到“backup.zip”备份文件已下载成功，流程如图 2-29 所示。

（4）在用户视图中输入 startup saved-configuration backup.zip 命令，将下载的备份文件作为交换机重启后的配置文件，设置下次启动的配置文件的流程如图 2-30 所示。

4. 升级交换机系统

升级交换机系统的操作方法类似于设置配置文件。在下载系统升级文件后（以升级文件为“S3700.cc”为例），输入 startup system-software flash:/S3700.cc 命令即可。

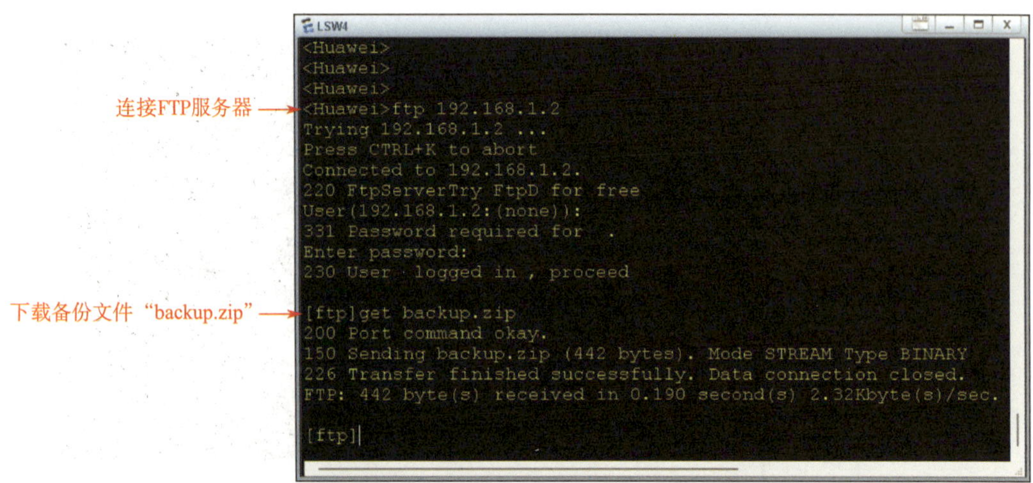


```
<Huawei>
<Huawei>
<Huawei>
<Huawei>ftp 192.168.1.2
Trying 192.168.1.2 ...
Press CTRL+K to abort
Connected to 192.168.1.2.
220 FtpServerTry FtpD for free
User(192.168.1.2:(none)):
331 Password required for  .
Enter password:
230 User  logged in , proceed

[ftp]get backup.zip
200 Port command okay.
150 Sending backup.zip (442 bytes). Mode STREAM Type BINARY
226 Transfer finished successfully. Data connection closed.
FTP: 442 byte(s) received in 0.190 second(s) 2.32Kbyte(s)/sec.

[ftp]
```

图 2-28　下载备份文件“backup.zip”的流程

退出FTP连接
查看当前文件和文件夹列表
备份文件下载成功

```
LSW4
226 Transfer finished successfully. Data connection closed.
FTP: 442 byte(s) received in 0.190 second(s) 2.32Kbyte(s)/sec.

[ftp]quit

221 Goodbye.

<Huawei>dir
Directory of flash:/

  Idx  Attr      Size(Byte)  Date        Time       FileName
    0  drw-               -  Aug 06 2015 21:26:42   src
    1  drw-               -  Mar 31 2024 21:43:18   compatible
    2  drw-               -  Apr 01 2024 00:00:55   resetinfo
    3  -rw-             442  Mar 31 2024 22:00:17   vrpcfg.zip
    4  -rw-             442  Apr 01 2024 00:03:09   backup.zip

32,004 KB total (31,948 KB free)

<Huawei>
```

图 2-29　备份文件的下载流程

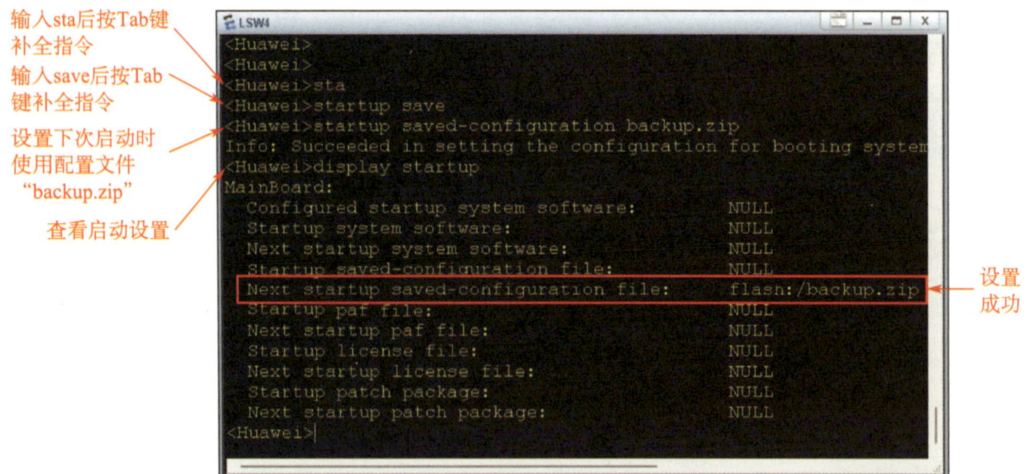


```
<Huawei>
<Huawei>
<Huawei>sta
<Huawei>startup save
<Huawei>startup saved-configuration backup.zip
Info: Succeeded in setting the configuration for booting system
<Huawei>display startup
MainBoard:
  Configured startup system software:        NULL
  Startup system software:                   NULL
  Next startup system software:              NULL
  Startup saved-configuration file:          NULL
  Next startup saved-configuration file:     flash:/backup.zip
  Startup paf file:                          NULL
  Next startup paf file:                     NULL
  Startup license file:                      NULL
  Next startup license file:                 NULL
  Startup patch package:                     NULL
  Next startup patch package:                NULL
<Huawei>
```

图 2-30　设置下次启动的配置文件的流程

项目三
虚拟局域网技术

任务 1　虚拟局域网中的 Access 接口

1. 了解 VLAN 的相关概念及其功能。
2. 掌握配置 VLAN 的方法和命令。
3. 实现单台交换机使用 Access 接口。

在现实中组建局域网时，经常会遇到如下问题：企业内部分为许多部门，每个部门又存在若干台计算机，同一个部门的计算机之间数据通信非常频繁。如果在组建局域网时将几个部门的计算机全部接入一台交换机，即这几个部门的计算机属于同一物理网络，那么，这些计算机将处于同一个广播域（广播域是指一个网络逻辑区域，在此区域内，广播数据包可以被所有连接的设备接收到），其性能将会受到影响。另外，如果各部门计算机处于同一个广播域，不允许一般人访问的计算机（如财务部门、经理办公室等的计算机）也会被其他部门的计算机访问。此类问题可以通过配置虚拟局域网（VLAN）来解决。

一、虚拟局域网（VLAN）

虚拟局域网（Virtual Local Area Network，VLAN），是一种建构于局域网交换技术的网络管理技术。VLAN 最大的作用是将一个完整的实体局域网从逻辑上划分成若干个虚拟局域网，从而允许相同虚拟局域网中的计算机相互通信，而在不同虚拟局域网中的计算机则不被允许通信，以达到提高传输效率并保证私密性的目的。网络工程师一般会将出入局域网的数据包指定到交换机的具体端口，从而对局域网内的终端设备分组管理，避免局域网因大量数据传输产生拥堵的问题，这样做不仅提升了局域网内的工作效率，还使局域网得到了一定的信息安全保障。通过 VLAN 进行分组后，位于不同分组的终端设备将无法相互访问。

二、广播域

广播域是在一个网络中能接收到相同广播消息的设备的集合。例如，学校内的广播站在播放音乐，那么，只要能听见这段音乐的人就可以被认定是处在相同的广播域，只不过在计算机网络中，广播传输的内容是各类信息数据。原则上接入同一台交换机的终端设备都处于相同的广播域，随着接入终端设备数量（具体数量取决于交换机的背板带宽）的增多，网络性能会受到影响。二层交换机是通过配置 VLAN 从逻辑上进行广播域隔离，三层设备（如路由器、三层交换机等）则是通过硬件进行广播域隔离。

三、冲突域

冲突域是指同一个网段中所有节点的集合。在冲突域内，带宽被认定为可以共享。在物理层设备（如集线器、中继器）上连接的终端设备可以被认定为在同一个冲突域内，随着终端设备数量的增多，网络性能会出现明显的下降。工作在数据链路层（二层交换机、网桥）和网络层（三层交换机、路由器）的终端设备可以划分冲突域。

四、VLAN 的功能

在一台交换机中，所有端口都处于相同的广播域，正如前文所说，学校广播站正在播放音乐，理论上全校师生都能听见，也就是说在同一广播域内一台终端设备发出的任何信息（包括错误信息）都会被其余所有的终端设备接收到，这就意味着网络带宽经常会被一些无用或错误的信息广播所占用，并且毫无私密性可言。使用 VLAN 可以很好地解决这个问题，总的来说，VLAN 的作用有以下两点。

1. 切割广播域

VLAN 将整个大型广播域变为多个小型广播域。

2. 用户隔离

VLAN 将位于不同 VLAN 的用户隔离，不允许其相互访问。

五、Access 接口的特点

Access 接口是交换机端口的一种接口模式，一般用于交换机与 PC 和路由器的连接，具体有以下特点。

1. 单个成员

Access 接口必须加入一个 VLAN（如所有接口默认属于 VLAN 1），并且此接口只允许一个 VLAN 通过。

2. 点对点连接

Access 接口使用一对一的连接方式，终端设备（如 PC、路由器等）都通过 Access 接口与交换机相连接。

3. 基于 MAC 地址学习

Access 接口根据 MAC 地址学习并创建 MAC 地址表，确保数据传输正确。

4. 无广播传输

Access 接口改变了交换机传统的广播工作，它只会将数据发送给目标设备。

5. 无标识

当数据经过 Access 接口时，不会带有 VLAN 标签，Access 接口会将数据发送至对应的 VLAN，但不会在数据上添加 VLAN 标签。

六、VLAN 的配置命令

所有 VLAN 相关的配置必须在系统视图下完成，具体配置命令如下。

1. 创建 VLAN

交换机中每一个 VLAN 都有一个对应的编号，格式为“vlan+ID 号”，ID 号由用户自定义，其取值范围为 1 ~ 4 094。需要注意的是，在默认情况下，交换机所有端口都归属于 VLAN 1，即 VLAN 1 是默认存在的，创建新的 VLAN 时，ID 号的取值范围为 2 ~ 4 094。如果需要同时创建多个 VLAN，则使用“vlan+batch+ID 号”的格式。

（1）创建单个 VLAN。

```
vlan [vlan 编号 ]
```

例如，创建编号为 10 的 VLAN，命令为：vlan 10。

（2）同时创建多个 VLAN。

```
vlan batch [vlan 编号 ]
```

例如，同时创建编号为 10、20、30 的 VLAN，命令为：vlan batch 10 20 30。

2. 删除 VLAN

（1）删除单个已创建的 VLAN。

```
undo vlan [vlan 编号]
```

例如，删除编号为 10 的 VLAN，命令为：undo vlan 10。

（2）同时删除多个已创建的 VLAN。

```
undo vlan batch [vlan 编号]
```

例如，同时删除编号为 10、20、30 的 VLAN，命令为：undo vlan batch 10 20 30。

（3）创建或删除 VLAN 后，可以使用以下命令查看设备的 VLAN 表信息。

```
display vlan
```

3. 配置端口模式和分配 VLAN

（1）由于华为交换机在默认情况下所有端口均为 Hybrid 接口模式，所以需要将其修改为 Access 接口模式，其命令如下。

```
port link-type access
```

（2）接口模式配置完毕，使用如下命令将接口分配到具体的 VLAN。

```
port default vlan [vlan 编号]
```

例如，将接口分配到 VLAN 10，命令为：port default vlan 10。

（3）配置端口模式和分配 VLAN 可以逐个进行，也可以批量进行。端口逐个配置的具体命令如下。

1）进入系统视图。

```
<Huawei>system-view
```

2）创建 VLAN 10。

```
[Huawei]vlan 10
```

3）进入 Ethernet0/0/1 端口视图。

```
[Huawei]interface Ethernet0/0/1
```

4）将端口配置为 Access 接口模式。

```
[Huawei-Ethernet0/0/1]port link-type access
```

5）将端口分配至 VLAN 10。

```
[Huawei-Ethernet0/0/1]port default vlan 10
```

（4）批量端口配置需要先创建端口组，随后进行批量配置，其具体命令如下。

1）进入系统视图。

```
<Huawei>system-view
```

2）创建 VLAN 10。

```
[Huawei]vlan 10
```

3）创建名为 A 的端口组。

```
[Huawei]port-group A
```

4）配置端口组包含 Ethernet0/0/1 至 Ethernet0/0/6 端口。

```
[Huawei-port-group-a]group-member Ethernet0/0/1 to Ethernet0/0/6
```

5）将端口组内所有端口配置为 Access 接口模式。

```
[Huawei-port-group-a]port link-type access
```

6）将端口组内所有端口分配至 VLAN 10。

```
[Huawei-port-group-a]port default vlan 10
```

小提示

设备端口一般分为 Ethernet（百兆端口）与 GigabitEthernet（千兆端口），使用时需要注意区分。GigabitEthernet 在拓扑图中常被简写为 GE。

（5）eNSP 操作细节。eNSP 默认不开启接口名称显示，这样会影响使用时对接口的判断，建议在使用前先打开“显示所有接口”选项，以便后续操作，“显示所有接口”选项如图 3-1 所示。

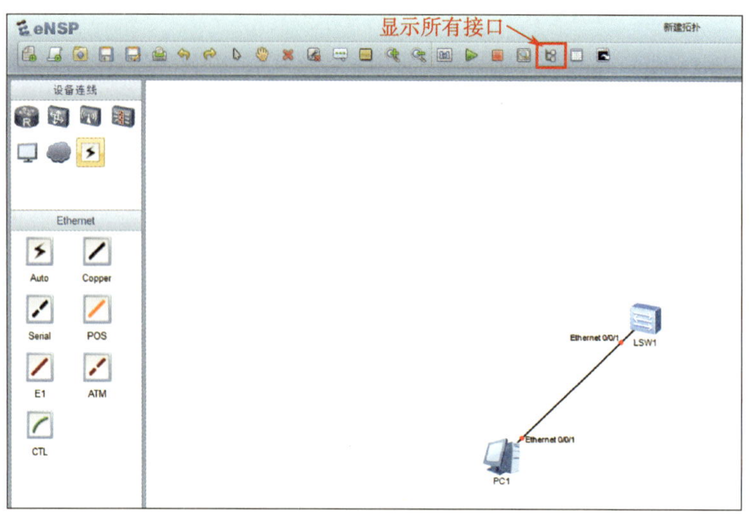

图 3-1 “显示所有接口”选项

一、任务描述

本任务要求实现在 1 台交换机上同时连接 3 台 PC，其中，PC1 和 PC2 处于同一部门（如技术部），PC3 处于其他部门（如设计部），PC1 和 PC2 需要相互通信，PC3 则不允许与 PC1、PC2 通信。

本任务所需的实验设备主要有：S3700 交换机 1 台，带有网卡的 PC 3 台，直连网线 3 条，以及电源线若干。

本任务的实验拓扑图如图 3-2 所示。

二、操作步骤

1．配置 IP 地址

根据本任务要求，在 3 台 PC 的配置界面添加对应的 IP 地址，各端口 IP 信息对应表见表 3-1。

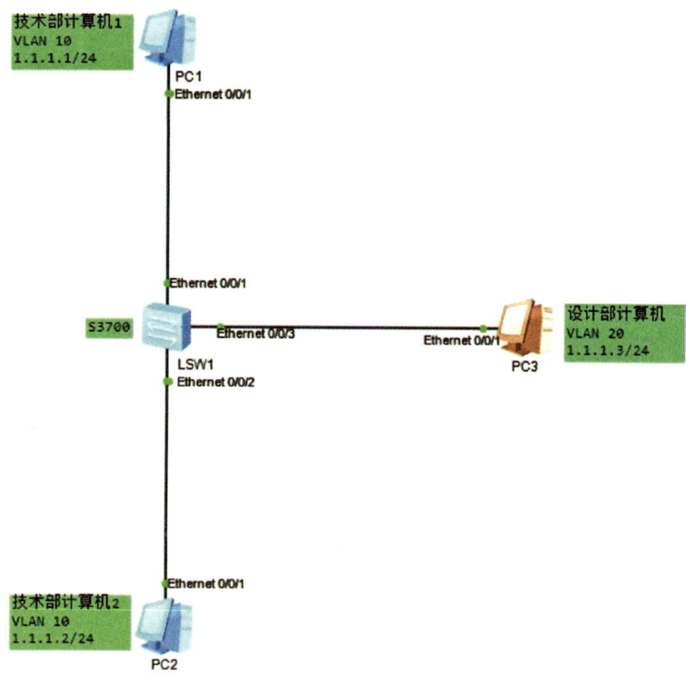

图 3-2　实验拓扑图

表 3-1　各端口 IP 信息对应表

设备名	端口	IP 地址	子网掩码	所属 VLAN
PC1	网卡	1.1.1.1	255.255.255.0	—
PC2	网卡	1.1.1.2	255.255.255.0	—
PC3	网卡	1.1.1.3	255.255.255.0	—
LSW1	Ethernet0/0/1	—	—	VLAN 10
	Ethernet0/0/2	—	—	VLAN 10
	Ethernet0/0/3	—	—	VLAN 20

2. 进入 LSW1 系统视图修改名称并创建 VLAN 10、VLAN 20

具体命令如下。

```
<Huawei>system-view
[Huawei]sysname LSW1
[LSW1]vlan batch 10 20
```

3. 为 LSW1 划分端口

具体命令如下。

```
[LSW1]interface Ethernet0/0/1
[LSW1-Ethernet0/0/1]port link-type access
[LSW1-Ethernet0/0/1]port default vlan 10
[LSW1-Ethernet0/0/1]quit
[LSW1]interface Ethernet0/0/2
[LSW1-Ethernet0/0/2]port link-type access
[LSW1-Ethernet0/0/2]port default vlan 10
[LSW1-Ethernet0/0/2]quit
[LSW1]interface Ethernet0/0/3
[LSW1-Ethernet0/0/3]port link-type access
[LSW1-Ethernet0/0/3]port default vlan 20
[LSW1-Ethernet0/0/3]quit
```

4. 检查配置结果

上述操作已完成 VLAN 划分，此时可通过 display vlan 命令检查 VLAN 表信息，具体命令如下。

```
[LSW1]display vlan
```

执行此命令后，LSW1 的 VLAN 表信息如图 3-3 所示。

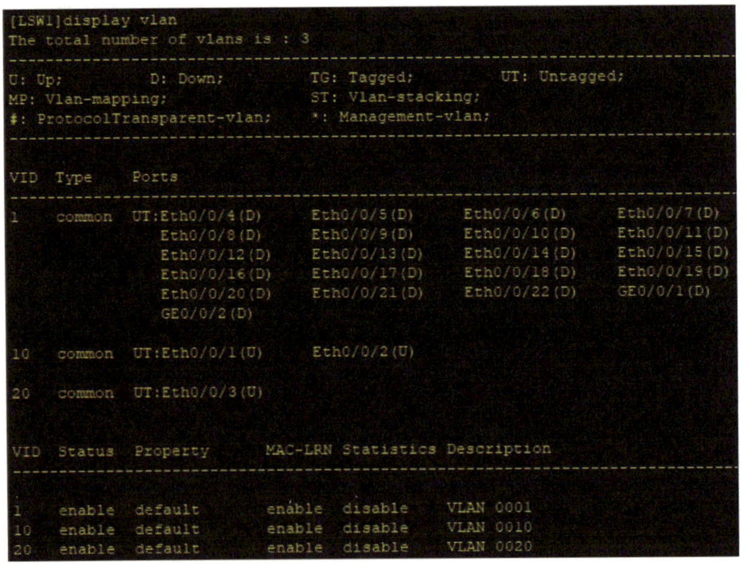

```
[LSW1]display vlan
The total number of vlans is : 3
--------------------------------------------------------------------------------
U: Up;         D: Down;         TG: Tagged;         UT: Untagged;
MP: Vlan-mapping;               ST: Vlan-stacking;
#: ProtocolTransparent-vlan;    *: Management-vlan;
--------------------------------------------------------------------------------

VID  Type    Ports
--------------------------------------------------------------------------------
1    common  UT:Eth0/0/4(D)     Eth0/0/5(D)     Eth0/0/6(D)     Eth0/0/7(D)
                Eth0/0/8(D)     Eth0/0/9(D)     Eth0/0/10(D)    Eth0/0/11(D)
                Eth0/0/12(D)    Eth0/0/13(D)    Eth0/0/14(D)    Eth0/0/15(D)
                Eth0/0/16(D)    Eth0/0/17(D)    Eth0/0/18(D)    Eth0/0/19(D)
                Eth0/0/20(D)    Eth0/0/21(D)    Eth0/0/22(D)    GE0/0/1(D)
                GE0/0/2(D)

10   common  UT:Eth0/0/1(U)     Eth0/0/2(U)

20   common  UT:Eth0/0/3(U)

VID  Status  Property      MAC-LRN Statistics Description
--------------------------------------------------------------------------------

1    enable  default       enable  disable    VLAN 0001
10   enable  default       enable  disable    VLAN 0010
20   enable  default       enable  disable    VLAN 0020
```

图 3-3　LSW1 的 VLAN 表信息

根据 VLAN 表显示信息，此时 VLAN 10 和 VLAN 20 均已创建完成，Ethernet0/0/1 和 Ethernet0/0/2 接口已从默认的 VLAN 1 分配至 VLAN 10，逻辑上它们同属一个广播域，可以相互通信，Ethernet0/0/3 接口则被分配至 VLAN 20。

5. 通信测试

使用技术部计算机 PC1 的命令行进行测试，分别使用 Ping 命令对技术部计算机 PC2、设计部计算机 PC3 进行访问。

由于技术部计算机 PC1、PC2 同属 VLAN 10，理论上它们可以相互访问，设计部计算机 PC3 属于 VLAN 20，理论上无法被访问。测试结果如图 3-4、图 3-5 所示。

```
PC>ping 1.1.1.2

Ping 1.1.1.2: 32 data bytes, Press Ctrl_C to break
From 1.1.1.2: bytes=32 seq=1 ttl=128 time=47 ms
From 1.1.1.2: bytes=32 seq=2 ttl=128 time=31 ms
From 1.1.1.2: bytes=32 seq=3 ttl=128 time=31 ms
From 1.1.1.2: bytes=32 seq=4 ttl=128 time=32 ms
From 1.1.1.2: bytes=32 seq=5 ttl=128 time=31 ms

--- 1.1.1.2 ping statistics ---
  5 packet(s) transmitted
  5 packet(s) received
  0.00% packet loss
  round-trip min/avg/max = 31/34/47 ms
```

图 3-4　技术部计算机 PC1 与技术部计算机 PC2 的通信测试结果

```
PC>ping 1.1.1.3

Ping 1.1.1.3: 32 data bytes, Press Ctrl_C to break
From 1.1.1.1: Destination host unreachable
From 1.1.1.1: Destination host unreachable
From 1.1.1.1: Destination host unreachable
From 1.1.1.1: Destination host unreachable
From 1.1.1.1: Destination host unreachable

--- 1.1.1.3 ping statistics ---
  5 packet(s) transmitted
  0 packet(s) received
  100.00% packet loss
```

图 3-5　技术部计算机 PC1 与设计部计算机 PC3 的通信测试结果

任务 2　虚拟局域网中的 Trunk 接口

1. 了解 Trunk 接口的特点、作用和工作原理。
2. 掌握配置 Trunk 接口的方法和命令。
3. 实现双交换机使用 Trunk 接口。

在现实中组建局域网时，经常能遇到因为计算机数量过多，一台交换机上的接口无法满足所有计算机同时接入，又或者需要划分在相同 VLAN 中的数台计算机无法接入同一台交换机（如地理距离相隔较远，包括处于不同的楼层）的场景。这种情况下，就需要使用多台交换机进行局域网搭建，多台交换机之间要想通信，就需要使用中继技术，也就是 Trunk 接口。

一、Trunk 接口的特点

Trunk 接口又称中继接口，属于干道或主干链路，一般情况下，Trunk 接口用于交换机和交换机之间的连接（也可用于交换机和路由器之间的连接）。Trunk 接口最大的特点是一个接口承载多个 VLAN 间的通信，可自由配置允许或拒绝某个 VLAN 通过此接口，并可为每个 VLAN 打上不同的标识加以区分。

二、Trunk 接口的作用

1. 传输多个 VLAN 数据

Trunk 接口可以让不同的 VLAN 在同一条物理链路上进行通信，并且这些数据可同时传输。

2. 添加 VLAN 标签

Trunk 接口使用的是标记协议，可在数据帧的头部添加 VLAN 标签，以区分不同的 VLAN。

3. 提高利用率

Trunk 接口将多个 VLAN 放在同一条物理链路上传输，可以提高网络效率和带宽利用率，提升网络性能。

4. 提高安全性

Trunk 接口有 VLAN 隔离技术，通过此技术，可以自由操作允许或拒绝不同 VLAN 间的相互通信，提高了局域网的安全性。

5. 实现 VLAN 扩展

Trunk 接口可连接不同的交换机，使多台交换机形成一个扩展网络。

6. 跨设备传输数据

Trunk 接口可跨越不同的交换机进行数据传输，当数据需要在两台或两台以上交换机上传输时，Trunk 接口会在数据帧头部添加 VLAN 标签，并将其传输至目标交换机。

三、Trunk 接口的工作原理

当 Trunk 接口收到一个数据帧时，会查看该数据帧是否包含 802.1Q 的 VLAN 标签，如果该数据帧没有包含此标识，就会打上该 Trunk 接口的 PVID（Port VLAN ID，接口 VLAN 标签）；如果该数据帧包含 802.1Q 的 VLAN 标签，则不会改变其标识。

当 Trunk 接口发送数据帧时，如果所发送数据帧的 VLAN ID 与端口的 PVID 不相同，会查看是否允许该 VLAN 通过，若允许，则直接放行；若不允许，则直接丢弃。如果该数据帧的 VLAN ID 与端口的 PVID 相同，则会剥离 VLAN 标签后再放行。

四、Trunk 接口的配置命令

Trunk 接口所有的相关配置必须在系统视图下完成，具体如下。

1. 由于华为交换机在默认情况下所有端口均为 Hybrid 接口模式，所以需要将其修改为 Trunk 接口模式，命令如下。

```
port link-type trunk
```

2. 在接口模式配置完成后，配置 Trunk 接口允许哪些 VLAN 通过的命令如下。

```
port trunk allow-pass vlan [vlan 编号]
```

例如，Trunk 接口允许 VLAN 10 通过，命令为：port trunk allow-pass vlan 10。

3. Trunk 接口允许通过的 VLAN 可以逐个配置，也可以批量配置。

例如，配置 Trunk 接口同时允许 VLAN 10、VLAN 20、VLAN 30 通过的命令为：port trunk allow-pass vlan 10 20 30。

4. 如果创建的 VLAN 较多，并且此接口允许所有 VLAN 通过，则可以配置 Trunk 接口允许所有接口通过，命令如下。

```
port trunk allow-pass vlan all
```

小提示

需要注意的是，Trunk 接口是默认允许 VLAN 1 通过的，所以在配置时不需要在 [vlan 编号] 中加入 VLAN 1。

一、任务描述

本任务要求实现两个部门的 4 台 PC 分别连接在 2 台不同的交换机上，其中，PC1 和 PC2 处于同一部门（如技术部），PC3 和 PC4 处于同一部门（如设计部），PC1 和 PC2 之间允许相互通信，PC3 和 PC4 之间允许相互通信，但 PC1、PC2 和 PC3、PC4 之间不允许相互通信。

本任务所需的实验设备主要有：S3700 交换机 2 台，带有网卡的 PC 4 台，直连网线 5 条，以及电源线若干。

本任务的实验拓扑图如图 3-6 所示。

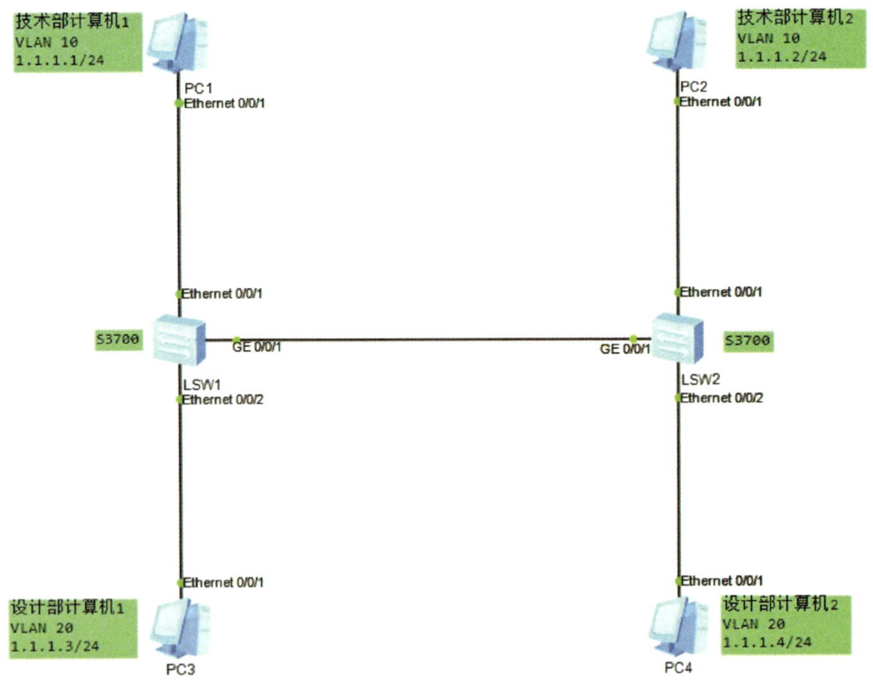

图 3-6 实验拓扑图

二、操作步骤

1. 配置 IP 地址

根据本任务要求，在 4 台 PC 的配置界面添加对应的 IP 地址，各端口 IP 信息对应表见表 3-2。

表 3-2　各端口 IP 信息对应表

设备名	端口	IP 地址	子网掩码	所属 VLAN
PC1	网卡	1.1.1.1	255.255.255.0	—
PC2	网卡	1.1.1.2	255.255.255.0	—
PC3	网卡	1.1.1.3	255.255.255.0	—
PC4	网卡	1.1.1.4	255.255.255.0	—
LSW1	Ethernet0/0/1	—	—	VLAN 10
	Ethernet0/0/2	—	—	VLAN 20
	GigabitEthernet0/0/1	—	—	Trunk
LSW2	Ethernet0/0/1	—	—	VLAN 10
	Ethernet0/0/2	—	—	VLAN 20
	GigabitEthernet0/0/1	—	—	Trunk

2. 进入 LSW1 系统视图修改名称并创建 VLAN 10、VLAN 20

具体命令如下。

```
<Huawei>system-view
[Huawei]sysname LSW1
[LSW1]vlan batch 10 20
```

3. 为 LSW1 划分端口

将 LSW1 连接 PC1 和 PC3 的 Ethernet0/0/1 和 Ethernet0/0/2 端口配置为 Access 接口，并分别划分在 VLAN 10 和 VLAN 20 中，具体命令如下。

```
[LSW1]interface Ethernet0/0/1
[LSW1-Ethernet0/0/1]port link-type access
[LSW1-Ethernet0/0/1]port default vlan 10
[LSW1-Ethernet0/0/1]quit
[LSW1]interface Ethernet0/0/2
[LSW1-Ethernet0/0/2]port link-type access
[LSW1-Ethernet0/0/2]port default vlan 20
[LSW1-Ethernet0/0/2]quit
```

4. 配置 LSW1 对应的 Trunk 接口

将 LSW1 和 LSW2 连接的 GigabitEthernet0/0/1 端口配置为 Trunk 接口，并配置允许 VLAN 10 和 VLAN 20 通过，具体命令如下。

```
[LSW1]interface GigabitEthernet0/0/1
[LSW1-GigabitEthernet0/0/1]port link-type trunk
[LSW1-GigabitEthernet0/0/1]port trunk allow-pass vlan 10 20
[LSW1-GigabitEthernet0/0/1]quit
```

5. 进入 LSW2 系统视图修改名称并创建 VLAN 10、VLAN 20

具体命令如下。

```
<Huawei>system-view
[Huawei]sysname LSW2
[LSW2]vlan batch 10 20
```

6. 为 LSW2 划分端口

将 LSW2 连接 PC2 和 PC4 的 Ethernet0/0/1 和 Ethernet0/0/2 端口配置为 Access 接口，并分别划分在 VLAN 10 和 VLAN 20 中，具体命令如下。

```
[LSW2]interface Ethernet0/0/1
[LSW2-Ethernet0/0/1]port link-type access
[LSW2-Ethernet0/0/1]port default vlan 10
[LSW2-Ethernet0/0/1]quit
[LSW2]interface Ethernet0/0/2
[LSW2-Ethernet0/0/2]port link-type access
[LSW2-Ethernet0/0/2]port default vlan 20
[LSW2-Ethernet0/0/2]quit
```

7. 配置 LSW2 对应的 Trunk 接口

将 LSW2 和 LSW1 连接的 GigabitEthernet0/0/1 端口配置为 Trunk 接口，并配置允许 VLAN 10 和 VLAN 20 通过，具体命令如下。

```
[LSW2]interface GigabitEthernet0/0/1
[LSW2-GigabitEthernet0/0/1]port link-type trunk
[LSW2-GigabitEthernet0/0/1]port trunk allow-pass vlan 10 20
[LSW2-GigabitEthernet0/0/1]quit
```

8. 检查配置结果

上述操作已完成 VLAN 划分和端口模式的配置，此时可通过 display vlan 命令检查 LSW1 和 LSW2 的 VLAN 表信息，具体命令如下。

```
[LSW1]display vlan
```

执行此命令后，LSW1 的 VLAN 表信息如图 3-7 所示。

```
[LSW1]display vlan
The total number of vlans is : 3
--------------------------------------------------------------------------------
U: Up;         D: Down;         TG: Tagged;         UT: Untagged;
MP: Vlan-mapping;               ST: Vlan-stacking;
#: ProtocolTransparent-vlan;    *: Management-vlan;
--------------------------------------------------------------------------------

VID  Type    Ports
--------------------------------------------------------------------------------
1    common  UT:Eth0/0/3(D)      Eth0/0/4(D)      Eth0/0/5(D)      Eth0/0/6(D)
                Eth0/0/7(D)      Eth0/0/8(D)      Eth0/0/9(D)      Eth0/0/10(D)
                Eth0/0/11(D)     Eth0/0/12(D)     Eth0/0/13(D)     Eth0/0/14(D)
                Eth0/0/15(D)     Eth0/0/16(D)     Eth0/0/17(D)     Eth0/0/18(D)
                Eth0/0/19(D)     Eth0/0/20(D)     Eth0/0/21(D)     Eth0/0/22(D)
                GE0/0/1(U)       GE0/0/2(D)

10   common  UT:Eth0/0/1(U)
             TG:GE0/0/1(U)

20   common  UT:Eth0/0/2(U)

             TG:GE0/0/1(U)

--------------------------------------------------------------------------------
VID  Status  Property      MAC-LRN Statistics Description
--------------------------------------------------------------------------------

1    enable  default       enable  disable    VLAN 0001
10   enable  default       enable  disable    VLAN 0010
20   enable  default       enable  disable    VLAN 0020
```

图 3-7　LSW1 的 VLAN 表信息

```
[LSW2]display vlan
```

执行此命令后，LSW2 的 VLAN 表信息如图 3-8 所示。

根据 VLAN 表显示的信息，此时 LSW1 和 LSW2 上的 VLAN 10 和 VLAN 20 均已创建完成，Ethernet0/0/1 和 Ethernet0/0/2 接口已从默认的 VLAN 1 分配至 VLAN 10 和 VLAN 20，GigabitEthernet0/0/1 则同时存在于 VLAN 10 和 VLAN 20 中（该特点是 Trunk 接口的特点之一）。

9. 通信测试

（1）使用技术部计算机 PC1 和设计部计算机 PC3 进行测试，分别使用 Ping 命令对技术部计算机 PC2、设计部计算机 PC4 进行访问。

由于技术部计算机 PC1 和技术部计算机 PC2 同属 VLAN 10，理论上它们可以相互通信，而设计部计算机 PC3 和设计部计算机 PC4 同属 VLAN 20，理论上也可以相互通信，并且 LSW1 和 LSW2 间连接的 GigabitEthernet0/0/1 端口已被配置为 Trunk 接口，并允许 VLAN 10 和 VLAN 20 通过，所以属于相同 VLAN 的 PC 可以跨越交换机进行通信。测试结果如图 3-9、图 3-10 所示。

```
[LSW2]display vlan
The total number of vlans is : 3
--------------------------------------------------------------------------------
U: Up;         D: Down;         TG: Tagged;         UT: Untagged;
MP: Vlan-mapping;               ST: Vlan-stacking;
#: ProtocolTransparent-vlan;    *: Management-vlan;
--------------------------------------------------------------------------------

VID  Type    Ports
--------------------------------------------------------------------------------
1    common  UT:Eth0/0/3(D)     Eth0/0/4(D)     Eth0/0/5(D)     Eth0/0/6(D)
                Eth0/0/7(D)     Eth0/0/8(D)     Eth0/0/9(D)     Eth0/0/10(D)
                Eth0/0/11(D)    Eth0/0/12(D)    Eth0/0/13(D)    Eth0/0/14(D)
                Eth0/0/15(D)    Eth0/0/16(D)    Eth0/0/17(D)    Eth0/0/18(D)
                Eth0/0/19(D)    Eth0/0/20(D)    Eth0/0/21(D)    Eth0/0/22(D)
                GE0/0/1(U)      GE0/0/2(D)

10   common  UT:Eth0/0/1(U)
             TG:GE0/0/1(U)

20   common  UT:Eth0/0/2(U)

             TG:GE0/0/1(U)

VID  Status  Property      MAC-LRN Statistics Description
--------------------------------------------------------------------------------

1    enable  default       enable  disable    VLAN 0001
10   enable  default       enable  disable    VLAN 0010
20   enable  default       enable  disable    VLAN 0020
```

图 3-8 LSW2 的 VLAN 表信息

```
PC>ping 1.1.1.2

Ping 1.1.1.2: 32 data bytes, Press Ctrl_C to break
From 1.1.1.2: bytes=32 seq=1 ttl=128 time=47 ms
From 1.1.1.2: bytes=32 seq=2 ttl=128 time=31 ms
From 1.1.1.2: bytes=32 seq=3 ttl=128 time=31 ms
From 1.1.1.2: bytes=32 seq=4 ttl=128 time=32 ms
From 1.1.1.2: bytes=32 seq=5 ttl=128 time=31 ms

--- 1.1.1.2 ping statistics ---
  5 packet(s) transmitted
  5 packet(s) received
  0.00% packet loss
  round-trip min/avg/max = 31/34/47 ms
```

图 3-9 技术部计算机 PC1 和技术部计算机 PC2 的通信测试结果

```
PC>ping 1.1.1.4

Ping 1.1.1.4: 32 data bytes, Press Ctrl_C to break
From 1.1.1.4: bytes=32 seq=1 ttl=128 time=63 ms
From 1.1.1.4: bytes=32 seq=2 ttl=128 time=62 ms
From 1.1.1.4: bytes=32 seq=3 ttl=128 time=47 ms
From 1.1.1.4: bytes=32 seq=4 ttl=128 time=63 ms
From 1.1.1.4: bytes=32 seq=5 ttl=128 time=62 ms

--- 1.1.1.4 ping statistics ---
  5 packet(s) transmitted
  5 packet(s) received
  0.00% packet loss
  round-trip min/avg/max = 47/59/63 ms
```

图 3-10 设计部计算机 PC3 和设计部计算机 PC4 的通信测试结果

（2）使用技术部计算机 PC1 和技术部计算机 PC2 进行测试，分别使用 Ping 命令对设计部计算机 PC4、设计部计算机 PC3 进行访问。

Trunk 接口允许 VLAN 10 和 VLAN 20 通过，但不属于相同 VLAN 的设备是无法相互访问的。测试结果如图 3-11、图 3-12 所示。

```
PC>ping 1.1.1.4

Ping 1.1.1.4: 32 data bytes, Press Ctrl_C to break
From 1.1.1.1: Destination host unreachable
From 1.1.1.1: Destination host unreachable
From 1.1.1.1: Destination host unreachable
From 1.1.1.1: Destination host unreachable
From 1.1.1.1: Destination host unreachable

--- 1.1.1.4 ping statistics ---
  5 packet(s) transmitted
  0 packet(s) received
  100.00% packet loss
```

图 3-11　技术部计算机 PC1 和设计部计算机 PC4 的通信测试结果

```
PC>ping 1.1.1.3

Ping 1.1.1.3: 32 data bytes, Press Ctrl_C to break
From 1.1.1.2: Destination host unreachable
From 1.1.1.2: Destination host unreachable
From 1.1.1.2: Destination host unreachable
From 1.1.1.2: Destination host unreachable
From 1.1.1.2: Destination host unreachable

--- 1.1.1.3 ping statistics ---
  5 packet(s) transmitted
  0 packet(s) received
  100.00% packet loss
```

图 3-12　技术部计算机 PC2 和设计部计算机 PC3 的通信测试结果

任务 3　虚拟局域网中的 Hybrid 接口

1. 了解 Hybrid 接口的特点、作用和工作原理。
2. 掌握配置 Hybrid 接口的方法和命令。
3. 实现双交换机使用 Hybrid 接口。

使用 Access 接口和 Trunk 接口会将不同 VLAN 隔离，但如果遇到确实需要进行跨 VLAN 通信的场景怎么办？又或者用户觉得总是需要切换 Access 接口和 Trunk 接口过于烦琐，有没有一个通用的接口模式呢？以上问题都可以通过 Hybrid 接口来解决。

一、Hybrid 接口的特点

Hybrid 即混合，Hybrid 接口也被称为混合接口，它是华为设备特殊的二层接口模式。Hybrid 接口同时具备 Access 接口和 Trunk 接口的工作特征，其最大的特点是可以在二层网络中实现跨 VLAN 通信，相较于 Access 接口和 Trunk 接口来说，具有更高的灵活性。

二、Hybrid 接口的作用

1. 实现跨 VLAN 通信

Hybrid 接口可以同时实现单个 VLAN（Access 模式）和多个 VLAN（Trunk 模式）的工作模式，可以在同一接口上实现不同 VLAN 间的通信，提高网络灵活性和资源利用效率。

2. 流量隔离和互通

Hybrid 接口允许单个或多个 VLAN 通过，并在需要时可剥离或保留 VLAN 标签，此特征使 Hybrid 接口不仅可用于连接普通终端的接入链路，还可用于连接交换机之间的干道链路，同时实现流量隔离和互通。

3. 提高灵活性和可控性

Hybrid 接口具有高度的灵活性和可控性，可以根据需要为任意 VLAN 添加或剥离标签，用户可以精细控制需要添加或剥离标签的 VLAN 名单。

4. 适配不同场景

Hybrid 接口可用于不同的应用场景，包括 PC、交换机、路由器、防火墙等。连接 PC 时，Hybrid 接口可作为 Access 接口使用；连接交换机、路由器、防火墙等时，Hybrid 接口可作为 Trunk 接口使用，实现多个 VLAN 间的互联。

5. 简化配置

使用 Hybrid 接口可以减少接口配置的数量，无须反复将接口配置成 Access 接口或 Trunk 接口，在简化配置的同时也减少了工作量。

三、Hybrid 接口的工作原理

因为 Hybrid 接口同时拥有 Access 接口和 Trunk 接口的工作特征，所以 Hybrid 接口能灵活控制接口上数据帧 VLAN 标签的添加和剥离。

例如，在对端设备是交换机的情况下，Hybrid 接口可以配置允许某些 VLAN 的数据帧携带 VLAN 标签通过该接口，未进行配置的其他 VLAN 的数据帧则不携带 VLAN 标签通过。在对端设备是 PC 的情况下，Hybrid 接口可以配置传输到这些接口的数据帧不携带任何的 VLAN 标签通过。

四、Hybrid 接口的属性

1. PVID

接口默认的 PVID 是 VLAN 1，PVID 的作用是在接收到没有标识的数据帧时给数据帧添加当前的 PVID 标识。

2. Tagged

Tagged 作用于接口发送数据帧和接收带标识的数据帧的过程，可以理解为一个 VLAN 标签的白名单。当接口接收到带有 VLAN 标签的数据帧时，会查看此 VLAN 标签是否存在于白名单，如果存在即放行，不存在则会丢弃此数据帧；当接口发送数据帧时，同样会查看此 VLAN 标签是否存在于白名单，如果存在将保留标识发送数据帧，不存在则同样会丢弃此数据帧。

3. Untagged

Untagged 只作用于接口发送数据帧的过程，同样类似于一个 VLAN 标签的白名单，但与 Tagged 不同的是，当接口发送的数据帧带有 VLAN 标签时，若该标识存在于白名单，则会去除该标识后再发送数据帧。

五、Hybrid 接口的配置命令

Hybrid 接口所有的相关配置必须在系统视图下完成，由于华为交换机在默认情况下所有端口均为 Hybrid 接口模式，所以不需要进行接口模式的修改，具体如下。

1. 当交换机对端设备为 PC 时，Hybrid 接口需要配置为与 Access 接口功能一致，命令如下。

```
port hybrid pvid vlan [vlan 编号]
port hybrid untagged vlan [vlan 编号]
```

需要注意的是，以上两条命令分别为添加 VLAN 标签和剥离 VLAN 标签，在一个接口上必须同时进行配置。

例如，当 Hybrid 接口归属于 VLAN 10 时，命令为：port hybrid pvid vlan 10，port hybrid untagged vlan 10。

2. 当交换机对端设备为交换机时，Hybrid 接口需要配置为与 Trunk 接口功能一致，命令如下。

```
port hybrid tagged vlan [vlan 编号]
```

若 Hybrid 接口需要允许所有 VLAN 通过，命令如下。

```
port hybrid tagged vlan all
```

例如，当 Hybrid 接口允许 VLAN 10、VLAN 20 和 VLAN 30 通过时，命令为：port hybrid tagged vlan 10 20 30。

六、不同接口收发数据帧时的处理方式

1. 接收数据帧时

接收数据帧时不同接口的处理方式见表 3-3。

表 3-3　接收数据帧时不同接口的处理方式

接口	带有 VLAN 标签	不带 VLAN 标签
Access	检查 VLAN 标签是否与端口 PVID 相同，相同则允许放行，不相同则丢弃此数据帧	给数据帧添加端口 PVID 后放行
Trunk	检查本端口是否允许此 VLAN 标签放行，允许则保留 VLAN 标签放行，不允许则丢弃此数据帧	给数据帧添加端口 PVID 后放行
Hybrid	检查本端口是否允许此 VLAN 标签放行，允许则保留 VLAN 标签放行，不允许则丢弃此数据帧	给数据帧添加端口 PVID 后放行

2. 发送数据帧时

发送数据帧时不同接口的处理方式见表 3-4。

表 3-4　发送数据帧时不同接口的处理方式

接口	发送数据帧
Access	剥离数据帧中的 VLAN 标签后放行
Trunk	检查数据帧的 VLAN 标签是否与端口 PVID 相同，相同则剥离 VLAN 标签后放行，不同则保留 VLAN 标签放行

续表

接口	发送数据帧
Hybrid	检查数据帧中的 VLAN 标签在本端口的处理方式，若是 Tagged，处理方式与 Trunk 接口相同；若是 Untagged，处理方式与 Access 接口相同

一、任务描述

本任务要求实现两个部门的 2 台 PC 同时连接在 1 台交换机上，其中，PC1 处于一部门（如技术部），PC2 处于另一部门（如设计部），但是 2 台 PC 因为部门不同所以不被允许相互访问，连接在另一台交换机上的 PC3 是企业的共享服务器，PC1 和 PC2 都可以与 PC3 相互访问。

本任务所需的实验设备主要有：S3700 交换机 2 台，带有网卡的 PC 3 台，直连网线 4 条，以及电源线若干。

本任务的实验拓扑图如图 3-13 所示。

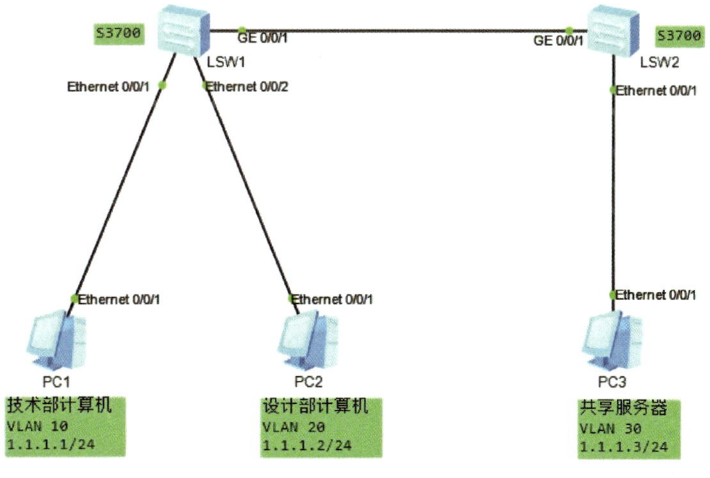

图 3-13　实验拓扑图

二、操作步骤

1. 配置 IP 地址

根据本任务要求，在 3 台 PC 的配置界面添加对应的 IP 地址，各端口 IP 信息对应表见表 3-5。

表 3-5　各端口 IP 信息对应表

设备名	端口	IP 地址	子网掩码	所属 VLAN
PC1	网卡	1.1.1.1	255.255.255.0	—
PC2	网卡	1.1.1.2	255.255.255.0	—
PC3	网卡	1.1.1.3	255.255.255.0	—
LSW1	Ethernet0/0/1	—	—	VLAN 10
	Ethernet0/0/2	—	—	VLAN 20
	GigabitEthernet0/0/1	—	—	Hybrid
LSW2	Ethernet0/0/1	—	—	VLAN 30
	GigabitEthernet0/0/1	—	—	Hybrid

2. 进入 LSW1 系统视图修改名称并创建 VLAN 10、VLAN 20、VLAN 30

具体命令如下。

```
<Huawei>system-view
[Huawei]sysname LSW1
[LSW1]vlan batch 10 20 30
```

3. 为 LSW1 的 Ethernet 端口划分 VLAN

LSW1 连接 PC1 和 PC2 的 Ethernet0/0/1 和 Ethernet0/0/2 端口均默认为 Hybrid 接口，所以不需要再配置接口模式，只需要分别划分 VLAN 10 和 VLAN 20，并同时允许 Ethernet0/0/1 和 Ethernet0/0/2 端口剥离本端口 VLAN 标识和 VLAN 30 标识即可，具体命令如下。

```
[LSW1]interface Ethernet0/0/1
[LSW1-Ethernet0/0/1]port hybrid pvid vlan 10
[LSW1-Ethernet0/0/1]port hybrid untagged vlan 10 30
[LSW1-Ethernet0/0/1]quit
[LSW1]interface Ethernet0/0/2
[LSW1-Ethernet0/0/2]port hybrid pvid vlan 20
[LSW1-Ethernet0/0/2]port hybrid untagged vlan 20 30
[LSW1-Ethernet0/0/2]quit
```

4. 为 LSW1 的 GigabitEthernet 端口划分 VLAN

LSW1 连接的 GigabitEthernet0/0/1 端口同样默认为 Hybrid 接口，配置允许 VLAN 10、VLAN 20、VLAN 30 通过即可，具体命令如下。

```
[LSW1]interface GigabitEthernet0/0/1
[LSW1-GigabitEthernet0/0/1]port hybrid tagged vlan 10 20 30
[LSW1-GigabitEthernet0/0/1]quit
```

5. 进入 LSW2 系统视图修改名称并创建 VLAN 10、VLAN 20、VLAN 30

具体命令如下。

```
<Huawei>system-view
[Huawei]sysname LSW2
[Huawei]vlan batch 10 20 30
```

6. 为 LSW2 的 Ethernet 端口划分 VLAN

LSW2 连接 PC3 的 Ethernet0/0/1 端口默认为 Hybrid 接口，所以不需要再配置接口模式，只需要划分 VLAN 30，并同时允许 Ethernet0/0/1 端口剥离本端口 VLAN 标识和 VLAN 10、VLAN 20 标识即可，具体命令如下。

```
[LSW2]interface Ethernet0/0/1
[LSW2-Ethernet0/0/1]port hybrid pvid vlan 30
[LSW2-Ethernet0/0/1]port hybrid untagged vlan 10 20 30
[LSW2-Ethernet0/0/1]quit
```

7. 为 LSW2 的 GigabitEthernet 端口划分 VLAN

LSW2 连接的 GigabitEthernet0/0/1 端口同样默认为 Hybrid 接口，配置允许 VLAN 10、VLAN 20、VLAN 30 通过即可，具体命令如下。

```
[LSW2]interface GigabitEthernet0/0/1
[LSW2-GigabitEthernet0/0/1]port hybrid tagged vlan 10 20 30
[LSW2-GigabitEthernet0/0/1]quit
```

8. 检查配置结果

上述操作已完成 VLAN 划分和端口模式的配置，此时可通过 display vlan 命令分别查看 LSW1 和 LSW2 的 VLAN 表信息，具体命令如下。

```
[LSW1]display vlan
```

执行此命令后，LSW1 的 VLAN 表信息如图 3-14 所示。

```
[LSW2]display vlan
```

执行此命令后，LSW2 的 VLAN 表信息如图 3-15 所示。

```
[LSW1]display vlan
The total number of vlans is : 4
--------------------------------------------------------------------------------
U: Up;         D: Down;         TG: Tagged;          UT: Untagged;
MP: Vlan-mapping;               ST: Vlan-stacking;
#: ProtocolTransparent-vlan;    *: Management-vlan;
--------------------------------------------------------------------------------

VID  Type    Ports
--------------------------------------------------------------------------------
1    common  UT:Eth0/0/1(U)     Eth0/0/2(U)      Eth0/0/3(D)      Eth0/0/4(D)
                Eth0/0/5(D)     Eth0/0/6(D)      Eth0/0/7(D)      Eth0/0/8(D)
                Eth0/0/9(D)     Eth0/0/10(D)     Eth0/0/11(D)     Eth0/0/12(D)
                Eth0/0/13(D)    Eth0/0/14(D)     Eth0/0/15(D)     Eth0/0/16(D)
                Eth0/0/17(D)    Eth0/0/18(D)     Eth0/0/19(D)     Eth0/0/20(D)
                Eth0/0/21(D)    Eth0/0/22(D)     GE0/0/1(U)       GE0/0/2(D)

10   common  UT:Eth0/0/1(U)
             TG:GE0/0/1(U)

20   common  UT:Eth0/0/2(U)

             TG:GE0/0/1(U)

30   common  UT:Eth0/0/1(U)     Eth0/0/2(U)

             TG:GE0/0/1(U)


VID  Status  Property      MAC-LRN Statistics Description
--------------------------------------------------------------------------------

1    enable  default       enable  disable    VLAN 0001
10   enable  default       enable  disable    VLAN 0010
20   enable  default       enable  disable    VLAN 0020
30   enable  default       enable  disable    VLAN 0030
```

图 3-14　LSW1 的 VLAN 表信息

```
[LSW2]display vlan
The total number of vlans is : 4
--------------------------------------------------------------------------------
U: Up;         D: Down;         TG: Tagged;          UT: Untagged;
MP: Vlan-mapping;               ST: Vlan-stacking;
#: ProtocolTransparent-vlan;    *: Management-vlan;
--------------------------------------------------------------------------------

VID  Type    Ports
--------------------------------------------------------------------------------
1    common  UT:Eth0/0/1(U)     Eth0/0/2(D)      Eth0/0/3(D)      Eth0/0/4(D)
                Eth0/0/5(D)     Eth0/0/6(D)      Eth0/0/7(D)      Eth0/0/8(D)
                Eth0/0/9(D)     Eth0/0/10(D)     Eth0/0/11(D)     Eth0/0/12(D)
                Eth0/0/13(D)    Eth0/0/14(D)     Eth0/0/15(D)     Eth0/0/16(D)
                Eth0/0/17(D)    Eth0/0/18(D)     Eth0/0/19(D)     Eth0/0/20(D)
                Eth0/0/21(D)    Eth0/0/22(D)     GE0/0/1(U)       GE0/0/2(D)

10   common  UT:Eth0/0/1(U)
             TG:GE0/0/1(U)

20   common  UT:Eth0/0/1(U)

             TG:GE0/0/1(U)

30   common  UT:Eth0/0/1(U)

             TG:GE0/0/1(U)


VID  Status  Property      MAC-LRN Statistics Description
--------------------------------------------------------------------------------

1    enable  default       enable  disable    VLAN 0001
10   enable  default       enable  disable    VLAN 0010
20   enable  default       enable  disable    VLAN 0020
30   enable  default       enable  disable    VLAN 0030
```

图 3-15　LSW2 的 VLAN 表信息

根据 VLAN 表显示的信息，此时 LSW1 和 LSW2 上的 VLAN 10、VLAN 20 和 VLAN 30 均已被创建完成。

在 LSW1 中，连接 PC1 和 PC2 的 Ethernet0/0/1 和 Ethernet0/0/2 端口分别被分配至 VLAN 10 和 VLAN 20，与 Access 接口工作模式一致，唯一不同的是，Ethernet0/0/1 和 Ethernet0/0/2 端口也同时存在于 VLAN 30 中，这就是 Hybrid 接口的特殊功能。连接 LSW2 的 GigabitEthernet0/0/1 端口则同时存在于 VLAN 10、VLAN 20 和 VLAN 30 中，与 Trunk 接口工作模式一致。

在 LSW2 中，连接 PC3 的 Ethernet0/0/1 端口和连接 LSW1 的 GigabitEthernet0/0/1 端口均同时存在于 VLAN 10、VLAN 20 和 VLAN 30 中，使用的是 Hybrid 接口的特殊功能，同时具备 Access 接口和 Trunk 接口的工作模式。

9. 通信测试

（1）使用技术部计算机 PC1 和设计部计算机 PC2 进行测试，使用 Ping 命令对设计部计算机 PC2 进行访问。

此时，由于技术部计算机 PC1 和设计部计算机 PC2 分别属于 VLAN 10 和 VLAN 20，并且配置 Hybrid 接口时并没有让 Ethernet0/0/1 端口剥离 VLAN 20 的标识，也没有让 Ethernet0/0/2 端口剥离 VLAN 10 的标识，所以无法正常通信。测试结果如图 3-16 所示。

```
PC>ping 1.1.1.2

Ping 1.1.1.2: 32 data bytes, Press Ctrl_C to break
From 1.1.1.1: Destination host unreachable
From 1.1.1.1: Destination host unreachable
From 1.1.1.1: Destination host unreachable
From 1.1.1.1: Destination host unreachable
From 1.1.1.1: Destination host unreachable

--- 1.1.1.2 ping statistics ---
  5 packet(s) transmitted
  0 packet(s) received
  100.00% packet loss
```

图 3-16　技术部计算机 PC1 和设计部计算机 PC2 的通信测试结果

（2）使用技术部计算机 PC1 和设计部计算机 PC2 进行测试，分别使用 Ping 命令对共享服务器 PC3 进行访问。

由于 LSW1 中的 Ethernet0/0/1 和 Ethernet0/0/2 端口均可剥离本端口 VLAN 标识和 VLAN 30 标识，GigabitEthernet0/0/1 端口允许 VLAN 10、VLAN 20、VLAN 30 同时通过；并且，LSW2 中的 Ethernet0/0/1 端口可剥离本端口 VLAN 标识和 VLAN 10、VLAN 20 标识，GigabitEthernet0/0/1 端口允许 VLAN 10、VLAN 20、VLAN 30 同时通过，所以可以正常通信。测试结果如图 3-17、图 3-18 所示。

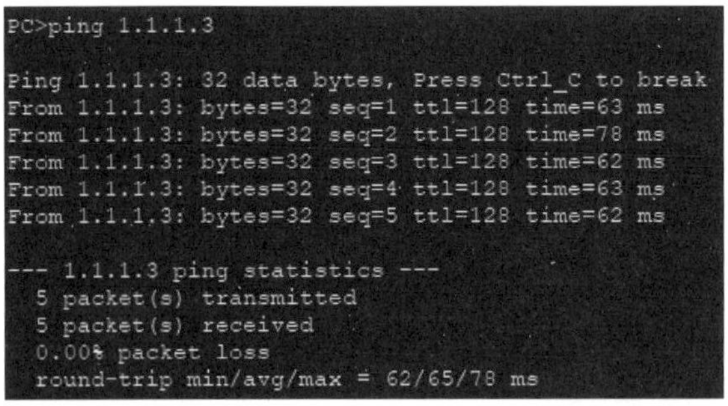

```
PC>ping 1.1.1.3

Ping 1.1.1.3: 32 data bytes, Press Ctrl_C to break
From 1.1.1.3: bytes=32 seq=1 ttl=128 time=63 ms
From 1.1.1.3: bytes=32 seq=2 ttl=128 time=78 ms
From 1.1.1.3: bytes=32 seq=3 ttl=128 time=62 ms
From 1.1.1.3: bytes=32 seq=4 ttl=128 time=63 ms
From 1.1.1.3: bytes=32 seq=5 ttl=128 time=62 ms

--- 1.1.1.3 ping statistics ---
  5 packet(s) transmitted
  5 packet(s) received
  0.00% packet loss
  round-trip min/avg/max = 62/65/78 ms
```

图 3-17 技术部计算机 PC1 和共享服务器 PC3 的通信测试结果

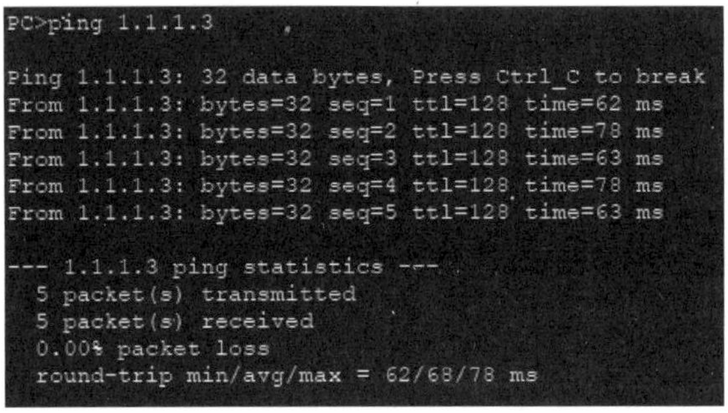

```
PC>ping 1.1.1.3

Ping 1.1.1.3: 32 data bytes, Press Ctrl_C to break
From 1.1.1.3: bytes=32 seq=1 ttl=128 time=62 ms
From 1.1.1.3: bytes=32 seq=2 ttl=128 time=78 ms
From 1.1.1.3: bytes=32 seq=3 ttl=128 time=63 ms
From 1.1.1.3: bytes=32 seq=4 ttl=128 time=78 ms
From 1.1.1.3: bytes=32 seq=5 ttl=128 time=63 ms

--- 1.1.1.3 ping statistics ---
  5 packet(s) transmitted
  5 packet(s) received
  0.00% packet loss
  round-trip min/avg/max = 62/68/78 ms
```

图 3-18 设计部计算机 PC2 和共享服务器 PC3 的通信测试结果

项目四
路由基础

任务 1　虚拟局域网之间的路由

1. 了解单臂路由的概念和工作原理。
2. 掌握配置单臂路由的方法和命令。
3. 实现单臂路由的配置。

在实际应用中，不在同一个 VLAN 且网段不同的设备无法直接通信，对于现实中某些小型企业或规模较小的网络环境来说，会出现两个部门分别使用了不同的 VLAN 和不同的网段，但因为工作需要，这两个部门之间必须相互通信的情况。原则上两个部门会因为 VLAN 和网段不同而被相互隔离，此时，可以使用单臂路由或配置三层交换机，通过协议使原本隔离的 VLAN 能相互通信，满足特定的网络需求。

一、单臂路由

单臂路由是指在路由器的一个物理接口上，通过配置子接口的方式，将原本相互隔离的 VLAN 互联互通。此技术允许网络工程师在单个物理接口上创建多个子接口，每个子接口对应一个 VLAN，从而实现不同 VLAN 间的通信。

二、子接口

子接口（subinterface）是通过技术和协议从一个物理接口中虚拟出来的逻辑接口，该物理接口被称为主接口。子接口从功能和作用等方面来看，与物理接口没有区别，子接口的出现打破了每个设备存在的物理接口数量有限的局限性。在路由器中，子接口的应用场景非常广泛，它主要用于实现不同 VLAN 间的通信，子接口的取值范围通常为 1～4 096，需要注意的是，由于路由器性能限制，实际应用中子接口的取值未必能达到此数量，并且创建的数量越多，子接口的性能就越差。

三、单臂路由的工作原理

单臂路由的核心工作原理是在路由器的物理接口上创建两个或多个子接口，实现不同 VLAN 之间的通信。

1. 物理接口汇聚

路由器的物理接口会接收和发送所有本地网络的数据流量，这个物理接口可以理解为一个汇聚点，所有 VLAN 的数据流量都将通过此物理接口进行传输。

2. 子接口划分

在物理接口上根据需要创建两个或多个子接口，每个子接口都对应一个特定的 VLAN。在子接口上配置相应的 IP 地址和子网掩码，根据配置，每个子接口代表了与特定 VLAN 的通信通道。

3. 数据处理

数据流量进入路由器的物理接口时，单臂路由会根据数据包的 VLAN 标签等信息来判断此数据包所属的 VLAN，并根据预先划分的 VLAN 将数据流量传输到对应的子接口。

四、单臂路由的优点和缺点

1. 优点

（1）VLAN 间的隔离和通信

单臂路由可以控制不同 VLAN 间的隔离，实现必要的通信，提高网络的灵活性和连通性。

（2）配置灵活

单臂路由可根据网络需求灵活配置多个子接口，每个子接口对应一个 VLAN，并支持独立配置 IP 地址和子网掩码等参数。

（3）扩展性强

随着 VLAN 的不断增多，单臂路由可增加子接口数量来满足对 VLAN 的支持，以及网络扩展的需求。

2. 缺点

（1）单点故障

因为所有 VLAN 的通信都基于路由器的单个物理接口，所以单臂路由存在单点故障的风险，若路由器的物理接口出现故障，则所有通过该物理接口传输数据的 VLAN 都将无法通信。

（2）性能不足

由于所有 VLAN 的流量都需要通过唯一的物理接口进行传输，当子接口过多或网络流量过大时，单臂路由有极大可能出现性能不足的情况，造成网络延迟、丢包等问题。

（3）配置复杂

相较于其他 VLAN 间的通信方案，单臂路由的配置相对复杂，网络工程师需要非常仔细地对子接口进行规划和配置，才能保证网络的正常运行。

五、Dot1q 协议

Dot1q 是虚拟桥接局域网（Virtual Bridged Local Area Networks，简称虚拟局域网）协议。Dot1q 主要规定了 VLAN 的实现方法，是一种提供 VLAN 标识和服务质量（Quality of Service，QoS）级别的 IEEE 标准，也可以被理解为 VLAN 的一种封装方式。

在单臂路由里 Dot1q 是非常关键的存在，它在以太网帧内标记不同的 VLAN 信息，并以此来区分不同的网络数据。当一个数据包通过一台网络设备（交换机或路由器）时，如果它属于特定的 VLAN（使用了 IEEE 802.1q 的 VLAN 标签），那么接收端需要进行解封装操作来剥离此 VLAN 标签，即“dot1q termination”。

在单臂路由配置中，每个子接口都对应一个 VLAN，并且每个子接口上的数据在物理链路传输时都必须进行标记封装，Dot1q 可以确保这些 VLAN 标签被正确地添加、传输和剥离，从而实现不同 VLAN 间的安全、有效通信。

六、单臂路由的配置命令

单臂路由的相关配置必须在系统视图下完成，具体如下。

1. 创建子接口

具体命令如下。

```
interface GigabitEthernet{ 端口号 }.{ 子接口编号 }
```

例如，当需要在 GigabitEthernet0/0/0 端口创建编号为 10 的子接口时，命令为：interface GigabitEthernet0/0/0.10。

2. 配置 IP 地址和子网掩码

具体命令如下。

```
ip address {IP 地址及子网掩码 }
```

子接口也可以直接配置 IP 地址和子网掩码，与物理接口的配置方法完全一致。例如，为编号为 24 的子接口配置 IP 地址和子网掩码，命令为：ip address 192.168.1.254 24。

3. 使用 Dot1q 封装对应的 VLAN 编号

具体命令如下。

```
dot1q termination vid {vlan 编号 }
```

例如，当子接口对应 VLAN 10 时，命令为：dot1q termination vid 10。

4. 开启子接口 ARP 广播

由于华为路由器接口默认关闭 ARP 广播，所以在此处必须手动将其开启，具体命令如下。

```
arp broadcast enable
```

一、任务描述

本任务要求实现将 3 个部门（如技术部、设计部、行政部）的分别归属于 VLAN 10、VLAN 20、VLAN 30 的 3 台 PC 同时连接在一台汇聚交换机上，由于路由器接口数量无法满足需求，所以需要创建子接口，配置相应 IP 地址并通过单臂路由形式完成不同 VLAN 和不同网段间的正常通信。

本任务所需的实验设备主要有：AR2220 路由器 1 台，S3700 交换机 1 台，带有网卡的 PC 3 台，直连网线 4 条，以及电源线若干。

本任务的实验拓扑图如图 4-1 所示。

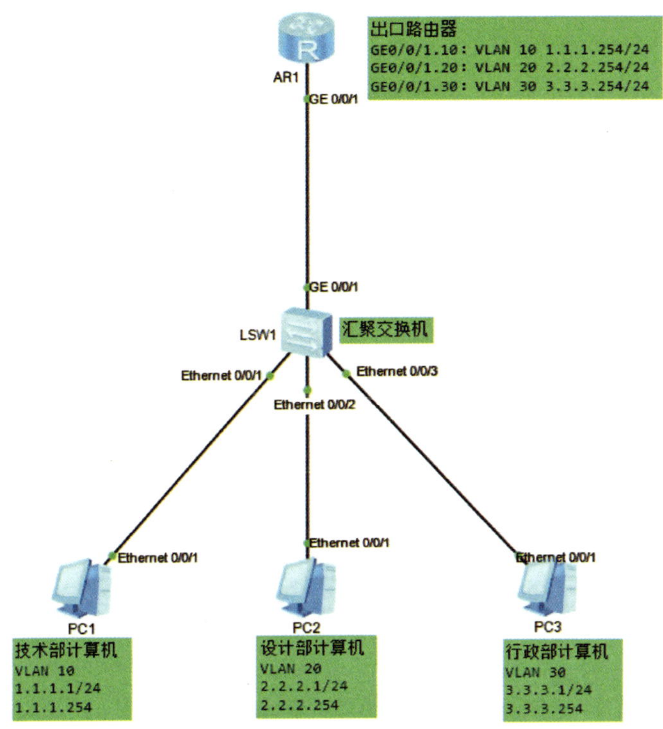

图 4-1　实验拓扑图

二、操作步骤

1. 配置 IP 地址

根据本任务要求，在 3 台 PC 的配置界面添加对应的 IP 地址，各端口 IP 信息对应表见表 4-1。

表 4-1　各端口 IP 信息对应表

设备名	端口	IP 地址	子网掩码	默认网关	所属 VLAN
PC1	网卡	1.1.1.1	255.255.255.0	1.1.1.254	—
PC2	网卡	2.2.2.1	255.255.255.0	2.2.2.254	—
PC3	网卡	3.3.3.1	255.255.255.0	3.3.3.254	—
LSW1	Ethernet0/0/1	—	—	—	VLAN 10
	Ethernet0/0/2	—	—	—	VLAN 20
	Ethernet0/0/3	—	—	—	VLAN 30
	GigabitEthernet0/0/1	—	—	—	Trunk

续表

设备名	端口	IP 地址	子网掩码	默认网关	所属 VLAN
AR1	GigabitEthernet0/0/1.10	1.1.1.254	255.255.255.0	—	VLAN 10
	GigabitEthernet0/0/1.20	2.2.2.254	255.255.255.0	—	VLAN 20
	GigabitEthernet0/0/1.30	3.3.3.254	255.255.255.0	—	VLAN 30

2. 进入 LSW1、AR1 系统视图修改名称

（1）LSW1 的具体命令如下。

```
<Huawei>system-view
[Huawei]sysname LSW1
```

（2）AR1 的具体命令如下。

```
<Huawei>system-view
[Huawei]sysname AR1
```

3. 在 LSW1 中创建 VLAN 10、VLAN 20、VLAN 30 并划分端口

创建 VLAN 10、VLAN 20、VLAN 30，将连接 PC 的 Ethernet0/0/1、Ethernet0/0/2、Ethernet0/0/3 端口配置为 Access 模式，并将它们添加进对应的 VLAN 中。再将连接 LSW1 和 AR1 的 GigabitEthernet0/0/1 端口配置为 Trunk 模式，并同时允许 VLAN 10、VLAN 20、VLAN 30 通过，具体命令如下。

```
[LSW1]vlan batch 10 20 30
[LSW1]interface Ethernet0/0/1
[LSW1-Ethernet0/0/1]port link-type access
[LSW1-Ethernet0/0/1]port default vlan 10
[LSW1-Ethernet0/0/1]quit
[LSW1]interface Ethernet0/0/2
[LSW1-Ethernet0/0/2]port link-type access
[LSW1-Ethernet0/0/2]port default vlan 20
[LSW1-Ethernet0/0/2]quit
[LSW1]interface Ethernet0/0/3
[LSW1-Ethernet0/0/3]port link-type access
[LSW1-Ethernet0/0/3]port default vlan 30
[LSW1-Ethernet0/0/3]quit
[LSW1]interface GigabitEthernet0/0/1
[LSW1-GigabitEthernet0/0/1]port link-type trunk
[LSW1-GigabitEthernet0/0/1]port trunk allow-pass vlan 10 20 30
[LSW1-GigabitEthernet0/0/1]quit
```

4. 配置 AR1 子接口

在 AR1 中分别创建 GigabitEthernet0/0/1.10、GigabitEthernet0/0/1.20、GigabitEthernet0/0/1.30 的子接口，并在子接口中配置对应的 IP 地址和子网掩码，再通过 Dot1q 封装对应的 VLAN 编号，最后在每个子接口中开启 ARP 广播，具体命令如下。

```
[AR1]interface GigabitEthernet0/0/1.10
[AR1-GigabitEthernet0/0/1.10]ip address 1.1.1.254 24
[AR1-GigabitEthernet0/0/1.10]dot1q termination vid 10
[AR1-GigabitEthernet0/0/1.10]arp broadcast enable
[AR1-GigabitEthernet0/0/1.10]quit
[AR1]interface GigabitEthernet0/0/1.20
[AR1-GigabitEthernet0/0/1.20]ip address 2.2.2.254 24
[AR1-GigabitEthernet0/0/1.20]dot1q termination vid 20
[AR1-GigabitEthernet0/0/1.20]arp broadcast enable
[AR1-GigabitEthernet0/0/1.20]quit
[AR1]interface GigabitEthernet0/0/1.30
[AR1-GigabitEthernet0/0/1.30]ip address 3.3.3.254 24
[AR1-GigabitEthernet0/0/1.30]dot1q termination vid 30
[AR1-GigabitEthernet0/0/1.30]arp broadcast enable
[AR1-GigabitEthernet0/0/1.30]quit
```

5. 检查配置结果

上述操作已完成 VLAN 划分和单臂路由的配置，此时可通过 display vlan 命令检查 LSW1 的 VLAN 表信息，具体命令如下。

```
[LSW1]display vlan
```

执行此命令后，LSW1 的 VLAN 表信息如图 4-2 所示。

在 LSW1 中，Ethernet0/0/1、Ethernet0/0/2、Ethernet0/0/3 端口均配置为 Access 模式，并分配在对应的 VLAN 中。GigabitEthernet0/0/1 端口需要同时通过多个 VLAN 的数据包，所以配置为 Trunk 模式，并允许 VLAN 10、VLAN 20、VLAN 30 通过。

通过 display ip routing-table 命令查看 AR1 的路由表信息，具体命令如下。

```
[AR1]display ip routing-table
```

执行此命令后，AR1 的路由表信息如图 4-3 所示。

在 AR1 中，所有网段均已出现直连路由，证明网段间可以正常转发数据。

通过 display current-configuration 命令在全局信息中查看 AR1 各子端口配置的具体信息，具体命令如下。

```
[LSW1]display vlan
The total number of vlans is : 4
--------------------------------------------------------------------------------
U: Up;          D: Down;          TG: Tagged;          UT: Untagged;
MP: Vlan-mapping;                 ST: Vlan-stacking;
#: ProtocolTransparent-vlan;      *: Management-vlan;
--------------------------------------------------------------------------------

VID  Type    Ports
--------------------------------------------------------------------------------
1    common  UT:Eth0/0/4(D)      Eth0/0/5(D)      Eth0/0/6(D)      Eth0/0/7(D)
                Eth0/0/8(D)      Eth0/0/9(D)      Eth0/0/10(D)     Eth0/0/11(D)
                Eth0/0/12(D)     Eth0/0/13(D)     Eth0/0/14(D)     Eth0/0/15(D)
                Eth0/0/16(D)     Eth0/0/17(D)     Eth0/0/18(D)     Eth0/0/19(D)
                Eth0/0/20(D)     Eth0/0/21(D)     Eth0/0/22(D)     GE0/0/1(U)
                GE0/0/2(D)

10   common  UT:Eth0/0/1(U)
             TG:GE0/0/1(U)

20   common  UT:Eth0/0/2(U)

             TG:GE0/0/1(U)

30   common  UT:Eth0/0/3(U)

             TG:GE0/0/1(U)


VID  Status  Property      MAC-LRN Statistics Description
--------------------------------------------------------------------------------

1    enable  default       enable  disable    VLAN 0001
10   enable  default       enable  disable    VLAN 0010
20   enable  default       enable  disable    VLAN 0020
30   enable  default       enable  disable    VLAN 0030
```

图 4-2　LSW1 的 VLAN 表信息

```
[AR1]display ip routing-table
Route Flags: R - relay, D - download to fib
------------------------------------------------------------------------------
Routing Tables: Public
         Destinations : 13       Routes : 13

Destination/Mask    Proto   Pre  Cost      Flags NextHop         Interface

        1.1.1.0/24  Direct  0    0           D   1.1.1.254       GigabitEthernet
0/0/1.10
      1.1.1.254/32  Direct  0    0           D   127.0.0.1       GigabitEthernet
0/0/1.10
      1.1.1.255/32  Direct  0    0           D   127.0.0.1       GigabitEthernet
0/0/1.10
        2.2.2.0/24  Direct  0    0           D   2.2.2.254       GigabitEthernet
0/0/1.20
      2.2.2.254/32  Direct  0    0           D   127.0.0.1       GigabitEthernet
0/0/1.20
      2.2.2.255/32  Direct  0    0           D   127.0.0.1       GigabitEthernet
0/0/1.20
        3.3.3.0/24  Direct  0    0           D   3.3.3.254       GigabitEthernet
0/0/1.30
      3.3.3.254/32  Direct  0    0           D   127.0.0.1       GigabitEthernet
0/0/1.30
      3.3.3.255/32  Direct  0    0           D   127.0.0.1       GigabitEthernet
0/0/1.30
      127.0.0.0/8   Direct  0    0           D   127.0.0.1       InLoopBack0
      127.0.0.1/32  Direct  0    0           D   127.0.0.1       InLoopBack0
127.255.255.255/32  Direct  0    0           D   127.0.0.1       InLoopBack0
255.255.255.255/32  Direct  0    0           D   127.0.0.1       InLoopBack0
```

图 4-3　AR1 的路由表信息

```
[AR1]display current-configuration
```

执行此命令后，AR1 各子接口内均已包含 IP 地址、对应 VLAN ID，并开启了 ARP

广播。AR1 各子端口的配置信息如图 4-4 所示。

```
interface GigabitEthernet0/0/1.10
 dot1q termination vid 10
 ip address 1.1.1.254 255.255.255.0
 arp broadcast enable
#
interface GigabitEthernet0/0/1.20
 dot1q termination vid 20
 ip address 2.2.2.254 255.255.255.0
 arp broadcast enable
#
interface GigabitEthernet0/0/1.30
 dot1q termination vid 30
 ip address 3.3.3.254 255.255.255.0
 arp broadcast enable
```

图 4-4　AR1 各子端口的配置信息

6. 通信测试

使用技术部计算机 PC1 进行测试，使用 Ping 命令检测其与设计部计算机 PC2、行政部计算机 PC3 的连通性，测试结果如图 4-5、图 4-6 所示。

```
PC>ping 2.2.2.1

Ping 2.2.2.1: 32 data bytes, Press Ctrl_C to break
From 2.2.2.1: bytes=32 seq=1 ttl=127 time=78 ms
From 2.2.2.1: bytes=32 seq=2 ttl=127 time=78 ms
From 2.2.2.1: bytes=32 seq=3 ttl=127 time=62 ms
From 2.2.2.1: bytes=32 seq=4 ttl=127 time=78 ms
From 2.2.2.1: bytes=32 seq=5 ttl=127 time=63 ms

--- 2.2.2.1 ping statistics ---
  5 packet(s) transmitted
  5 packet(s) received
  0.00% packet loss
  round-trip min/avg/max = 62/71/78 ms
```

图 4-5　技术部计算机 PC1 和设计部计算机 PC2 的通信测试结果

```
PC>ping 3.3.3.1

Ping 3.3.3.1: 32 data bytes, Press Ctrl_C to break
From 3.3.3.1: bytes=32 seq=1 ttl=127 time=63 ms
From 3.3.3.1: bytes=32 seq=2 ttl=127 time=63 ms
From 3.3.3.1: bytes=32 seq=3 ttl=127 time=78 ms
From 3.3.3.1: bytes=32 seq=4 ttl=127 time=62 ms
From 3.3.3.1: bytes=32 seq=5 ttl=127 time=79 ms

--- 3.3.3.1 ping statistics ---
  5 packet(s) transmitted
  5 packet(s) received
  0.00% packet loss
  round-trip min/avg/max = 62/69/79 ms
```

图 4-6　技术部计算机 PC1 和行政部计算机 PC3 的通信测试结果

任务 2　静态选路设置

1. 了解静态选路的概念、优点、缺点和特点。
2. 掌握配置静态选路的命令。
3. 实现静态选路的配置。

路由设备在 OSI 模型的第三层（即网络层）工作，路由器会根据数据包的目标地址进行定向转发。如果把网络数据传输比作一个城市的交通运输，路由器就像每个路口的红绿灯、行人引导路牌等设施设备，这些设施设备会指定车辆和行人（在网络数据传输中就是数据包）往哪个方向行驶，并告知车辆和行人下一个目的地在何处。

静态选路是最基本的路由方式，在所有路由协议里，它是除直连路由外优先级最高的协议，也就是说，任何数据在经过路由器的时候必须优先服从静态选路协议。

一、静态选路

静态选路（Static Routing）是一种选路方式，由网络工程师在路由器配置中手动设置，且不会随着网络状态的变化而改变，当网络状态出现变化时，需要根据具体情况进行手动更改。

二、静态选路的优点和缺点

1. 优点

静态选路最大的优点是保密性和安全性高，它不需要交换不同路由器之间的网络信息，且不会产生更新流量，所以不会占用网络带宽，适用于中小型网络。

2. 缺点

静态选路最大的缺点是不适用于大型或有复杂结构的网络环境，当网络拓扑结构或链路状态发生变化时，静态选路无法自适应变化，需要进行大规模的调整，对于网络工程师来说难度非常大。并且当网络环境出现变化或故障时，静态选路优先级高，会导致无法重新选择路由路径的问题，从而使路由转发失败。

三、静态选路的特点

路由器无法自动生成所需的静态选路，所以需要手动逐条配置，配置包括目标网段和下一跳 IP 地址（下一跳 IP 地址并不是本路由器接口上的 IP 地址，而是离本路由器最近的下一个路由器和本路由器连接的接口 IP 地址）。静态选路的特点如下。

1. 固定性

因为静态选路必须手动配置，且无法根据网络的变化而自适应改变，所以每一条静态选路在本地路由器上是固定的，除非对其进行手动修改。

2. 永久性

静态选路一旦被手动配置创建，将一直存在，除非手动删除或更改。

3. 私密性

静态选路的信息在一般情况下是私密的，一旦一台路由器配置了静态选路，相同网络中的其他路由器将无法自动获取其信息。但也可以通过配置发布静态选路的方式，使相同网络中的其他路由器获取此静态选路信息。

4. 单向性

静态选路属于单向配置，它仅为数据提供下一跳方向的路由转发，并不会提供反向路由。如果需要让源地址设备和目标地址设备或不同网络相互通信，则必须同时配置双边的静态选路。

四、路由表

路由表（Routing Table）又称路由择域信息库（Routing Information Base，RIB），是存储在路由器内部的信息表或数据库。路由表的功能是存储网络地址的路径，以及周边网络的拓扑信息，并实现路由协议和静态选路。

路由表分为静态选路表和动态选路表，它们各有特点，其中，静态选路表的特点包含可精确控制路由器的行为，可减少网络流量，具有单向性，以及配置简单等。

五、静态选路的配置命令

静态选路所有的相关配置必须在系统视图下完成，具体命令如下。

```
ip route-static { 目的 IP 地址 } { 子网掩码 } { 下一跳地址 }
```

小提示

此处有几点注意事项：

（1）目的IP地址应使用点分十进制格式，且必须为网络地址。

（2）子网掩码可使用点分十进制格式或聚合表示法格式。

（3）下一跳地址应使用点分十进制格式，且必须是离本路由器最近的下一台路由器上的端口地址。

例如，当目的IP地址为192.168.1.1、子网掩码为255.255.255.0、下一跳地址为1.1.1.1时，其命令为：ip route-static 192.168.1.0 255.255.255.0 1.1.1.1或ip route-static 192.168.1.0 24 1.1.1.1。

一、任务描述

本任务要求实现2台路由器相互连接，并分别连接PC1、PC2（2台PC为不同网段），需要在PC1、PC2和路由器端口上配置对应的IP地址，并通过静态选路配置使PC1和PC2可以相互通信。

本任务所需的实验设备主要有：AR2220路由器2台，带有网卡的PC 2台，直连网线3条，以及电源线若干。

本任务的实验拓扑图如图4-7所示。

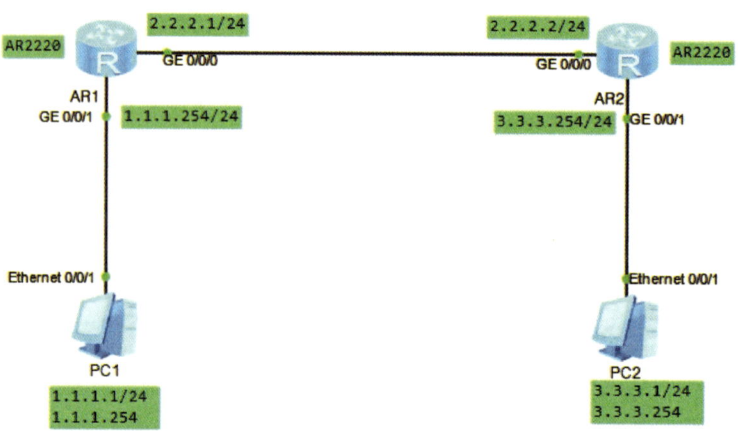

图4-7 实验拓扑图

二、操作步骤

1. 配置 IP 地址

根据本任务要求，在 2 台 PC 和路由器的配置界面添加对应的 IP 地址，各端口 IP 信息对应表见表 4-2。

表 4-2　各端口 IP 信息对应表

设备名	端口	IP 地址	子网掩码	默认网关
PC1	网卡	1.1.1.1	255.255.255.0	1.1.1.254
PC2	网卡	3.3.3.1	255.255.255.0	3.3.3.254
AR1	GigabitEthernet0/0/0	2.2.2.1	255.255.255.0	—
	GigabitEthernet0/0/1	1.1.1.254	255.255.255.0	—
AR2	GigabitEthernet0/0/0	2.2.2.2	255.255.255.0	—
	GigabitEthernet0/0/1	3.3.3.254	255.255.255.0	—

2. 进入 AR1 系统视图修改名称

具体命令如下。

```
<Huawei>system-view
[Huawei]sysname AR1
```

3. 配置 AR1 端口 IP 地址

进入 GigabitEthernet0/0/1 和 GigabitEthernet0/0/0 端口，并配置 IP 地址，具体命令如下。

```
[AR1]interface GigabitEthernet0/0/1
[AR1-GigabitEthernet0/0/1]ip address 1.1.1.254 24
[AR1-GigabitEthernet0/0/1]quit
[AR1]interface GigabitEthernet0/0/0
[AR1-GigabitEthernet0/0/0]ip address 2.2.2.1 24
[AR1-GigabitEthernet0/0/0]quit
```

4. 进入 AR2 系统视图修改名称

具体命令如下。

```
<Huawei>system-view
[Huawei]sysname AR2
```

5. 配置 AR2 端口 IP 地址

在 AR2 中分别创建 GigabitEthernet0/0/1 和 GigabitEthernet0/0/0 端口，并配置 IP 地址，具体命令如下。

```
[AR2]interface GigabitEthernet0/0/1
[AR2-GigabitEthernet0/0/1]ip address 3.3.3.254 24
[AR2-GigabitEthernet0/0/1]quit
[AR2]interface GigabitEthernet0/0/0
[AR2-GigabitEthernet0/0/0]ip address 2.2.2.2 24
[AR2-GigabitEthernet0/0/0]quit
```

6. 配置 AR1 通往 3.3.3.0 网段的静态选路

```
[AR1]ip route-static 3.3.3.0 24 2.2.2.2
```

7. 配置 AR2 通往 1.1.1.0 网段的静态选路

```
[AR2]ip route-static 1.1.1.0 24 2.2.2.1
```

8. 检查配置结果

上述操作已完成端口 IP 地址和静态选路的配置，此时可通过 display ip routing-table 命令检查 AR1 的路由表信息，具体命令如下。

```
[AR1]display ip routing-table
```

执行此命令后，AR1 的路由表信息如图 4-8 所示。

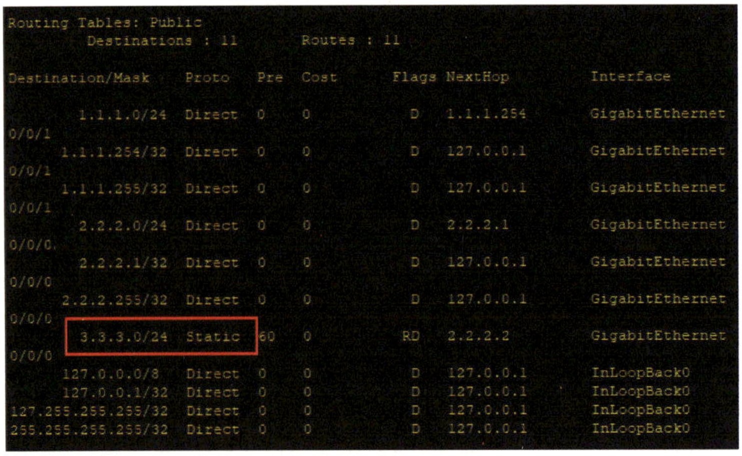

```
Routing Tables: Public
         Destinations : 11        Routes : 11

Destination/Mask    Proto   Pre  Cost      Flags NextHop         Interface

       1.1.1.0/24   Direct  0    0           D   1.1.1.254       GigabitEthernet
0/0/1
     1.1.1.254/32   Direct  0    0           D   127.0.0.1       GigabitEthernet
0/0/1
     1.1.1.255/32   Direct  0    0           D   127.0.0.1       GigabitEthernet
0/0/1
       2.2.2.0/24   Direct  0    0           D   2.2.2.1         GigabitEthernet
0/0/0
       2.2.2.1/32   Direct  0    0           D   127.0.0.1       GigabitEthernet
0/0/0
     2.2.2.255/32   Direct  0    0           D   127.0.0.1       GigabitEthernet
0/0/0
       3.3.3.0/24   Static  60   0          RD   2.2.2.2         GigabitEthernet
0/0/0
     127.0.0.0/8    Direct  0    0           D   127.0.0.1       InLoopBack0
     127.0.0.1/32   Direct  0    0           D   127.0.0.1       InLoopBack0
127.255.255.255/32  Direct  0    0           D   127.0.0.1       InLoopBack0
255.255.255.255/32  Direct  0    0           D   127.0.0.1       InLoopBack0
```

图 4-8 AR1 的路由表信息

通过 display ip routing-table 命令检查 AR2 的路由表信息，具体命令如下。

```
[AR2]display ip routing-table
```

执行此命令后，AR2 的路由表信息如图 4-9 所示。

```
Routing Tables: Public
         Destinations : 11        Routes : 11

Destination/Mask    Proto   Pre  Cost      Flags NextHop         Interface

       1.1.1.0/24   Static  60   0           RD  2.2.2.1         GigabitEthernet
0/0/0
       2.2.2.0/24   Direct  0    0            D  2.2.2.2         GigabitEthernet
0/0/0
       2.2.2.2/32   Direct  0    0            D  127.0.0.1       GigabitEthernet
0/0/0
     2.2.2.255/32   Direct  0    0            D  127.0.0.1       GigabitEthernet
0/0/0
       3.3.3.0/24   Direct  0    0            D  3.3.3.254       GigabitEthernet
0/0/1
     3.3.3.254/32   Direct  0    0            D  127.0.0.1       GigabitEthernet
0/0/1
     3.3.3.255/32   Direct  0    0            D  127.0.0.1       GigabitEthernet
0/0/1
     127.0.0.0/8    Direct  0    0            D  127.0.0.1       InLoopBack0
     127.0.0.1/32   Direct  0    0            D  127.0.0.1       InLoopBack0
127.255.255.255/32  Direct  0    0            D  127.0.0.1       InLoopBack0
255.255.255.255/32  Direct  0    0            D  127.0.0.1       InLoopBack0
```

图 4-9　AR2 的路由表信息

根据 AR1 和 AR2 的路由表信息，此时除了各自的直连网段外，AR1 没有直连的 3.3.3.0 网段和 AR2 没有直连的 1.1.1.0 网段已经以静态（Static）方式存在于各自的路由表中，所以各网段可以相互通信。

9. 通信测试

使用 PC1 和 PC2 进行测试，使用 Ping 命令检测联通性，测试结果如图 4-10、图 4-11 所示。

```
PC>ping 3.3.3.1

Ping 3.3.3.1: 32 data bytes, Press Ctrl_C to break
From 3.3.3.1: bytes=32 seq=1 ttl=126 time=15 ms
From 3.3.3.1: bytes=32 seq=2 ttl=126 time=16 ms
From 3.3.3.1: bytes=32 seq=3 ttl=126 time=15 ms
From 3.3.3.1: bytes=32 seq=4 ttl=126 time=16 ms
From 3.3.3.1: bytes=32 seq=5 ttl=126 time=16 ms

--- 3.3.3.1 ping statistics ---
  5 packet(s) transmitted
  5 packet(s) received
  0.00% packet loss
  round-trip min/avg/max = 15/15/16 ms
```

图 4-10　PC1 和 PC2 的通信测试结果

```
PC>ping 1.1.1.1

Ping 1.1.1.1: 32 data bytes, Press Ctrl_C to break
From 1.1.1.1: bytes=32 seq=1 ttl=126 time=16 ms
From 1.1.1.1: bytes=32 seq=2 ttl=126 time=16 ms
From 1.1.1.1: bytes=32 seq=3 ttl=126 time=15 ms
From 1.1.1.1: bytes=32 seq=4 ttl=126 time=16 ms
From 1.1.1.1: bytes=32 seq=5 ttl=126 time=15 ms

--- 1.1.1.1 ping statistics ---
  5 packet(s) transmitted
  5 packet(s) received
  0.00% packet loss
  round-trip min/avg/max = 15/15/16 ms
```

图 4-11　PC2 和 PC1 的通信测试结果

任务3　默认路由与浮动路由

1. 了解默认路由、浮动路由的定义、工作原理和特点。
2. 掌握配置默认路由、浮动路由的命令。
3. 实现默认路由和浮动路由结合的实验。

现实中许多大型网络环境存在多个网段和多台路由器，如果需要为每个网段添加一条静态选路，是一件非常烦琐且容易出错的事。此时，可以在最末端的路由器上使用默认路由协议来解决问题。

路由器是网络数据传输的核心媒介，可能会出现由端口故障或线路故障造成的网络中断问题，那么，某些绝对不允许出现网络中断的场景（如银行、医院、证券交易所等）是如何保证网络稳定性的呢？在这种情况下，就需要使用浮动路由进行备份，当常用的路由器端口或线路出现故障时，浮动路由会自动启用备用的路由器端口或备用的线路，保证网络的正常运行。

一、默认路由

1. 默认路由的定义

默认路由（Default Route）属于一种静态选路，是当IP数据包中的目标地址不存在于路由器的路由表中时，路由器选择的路由策略。配置默认路由的路由器通常都直连着另一个路由器，被直连的路由器也以同样的方式处理数据包，即若此路由器明确知道数据包的具体地址，就会把数据包转发到已知的网段（静态选路），否则会把数据包转发到下一个直连路由器（默认路由）。每次转发，路由都会增加一跳的距离。

2. 默认路由的工作原理

（1）基于网络的路由选择机制

当数据包在网络中传输时，路由器会在路由表中查询信息以决定下一跳的地址。

如果路由表中存在明确的目标地址信息，路由器会按照这些信息转发数据包；反之，如果路由表中不存在明确的目标地址信息，默认路由将发挥作用。

（2）特殊的静态选路

在配置默认路由时，目标地址和子网掩码通常都被设置为0.0.0.0，这是一个通配符，代表默认路由可匹配任意的目标地址。因此，当路由器无法获取明确的目标地址信息时，默认路由会被选择为数据包的转发路径。

（3）将数据包转发至默认网关或另一个路由器

当接收到一个数据包且数据包目标地址不在路由表中时，路由器会将此数据包转发到默认路由指定的下一跳地址（通常是一个默认网关或与其直连的另一个路由器）；默认网关或路由器会进一步尝试将数据包转发到目标网络，如果还是无法找到明确的目标地址信息，它同样会将数据包转发到自身默认路由指定的下一跳地址；以此类推，直到数据包到达目标地址或因无法找到路径而被丢弃。默认路由有助于提高网络的健壮性和灵活性，使数据包在无法找到明确的目标地址信息时依然能尽可能地被转发。

（4）基于网络工程师的配置

默认路由的选择通常基于网络工程师的配置，可以通过配置静态选路或动态选路来决定。在网络规模较大或目标地址不明确的情况下，默认路由提供了简化的路由机制，使网络工程师管理网络变得更容易。

3. 默认路由的特点

默认路由通常是在网络中第一台或最后一台路由器接收到的数据包未匹配特定路由的情况下使用的路由，它的特点如下。

（1）降低网络耦合性

默认路由可使网络设备更独立地进行工作，减少了彼此间的依赖关系。

（2）简化路由表

默认路由可使路由表简化，即不必为每一个目标地址都指定具体的路由，只需指定一个默认路由。

（3）用于互联网连接

默认路由在连接互联网时特别常用，它允许内部网络中的所有流量都通过默认路由被发送到互联网上的目标地址。

（4）提高容错率

默认路由可以处理网络中出现的异常状况，如特定路由不可用时默认路由可作为一条备用路径。

4. 默认路由的配置命令

默认路由的相关配置必须在系统视图下完成。

默认路由和静态选路的配置命令大同小异，但默认路由只允许被配置在末端路由，具体命令如下。

```
ip route-static { 目的 IP 地址 } { 子网掩码 } { 下一跳地址 }
```

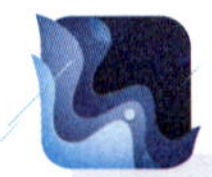

小提示

由于默认路由并没有指定具体的目标地址，在配置时有几点注意事项：

（1）所有目的 IP 地址必须为 0.0.0.0。

（2）所有子网掩码必须为 0.0.0.0。默认路由的子网掩码可使用聚合表示法表示，也就是以 0 表示 0.0.0.0。

（3）下一跳地址和静态选路配置相同，需要以点分十进制格式输入具体的 IP 地址。

例如，当下一跳地址为 1.1.1.1 时，命令为：ip route-static 0.0.0.0 0.0.0.0 1.1.1.1 或 ip route-static 0.0.0.0 0 1.1.1.1。

二、浮动路由

1. 浮动路由的定义

浮动路由（Floating Route）又称路由备份，是由两条或多条链路组成的一种路由策略，这些链路一般拥有相同的目标地址，但下一跳地址并不相同，且其中的一条链路优先级较低。配置浮动路由的主要目的是在链路出现单点故障时，备份链路可保证网络不会中断。

2. 浮动路由的工作原理

在配置浮动路由时，通常会给两条或多条链路设置不同的优先级，优先级最高的链路默认为主链路，优先级低的链路则作为备份链路，由于备份链路的优先级较低，在正常情况下它并不会参与工作，数据流量会通过主链路传输，当主链路出现故障时，浮动路由的故障检测机制会迅速识别问题，路由器会立刻检查路由表中各链路的优先级，并确定具体哪条链路可作为备份链路来替代主链路承担数据转发任务。一旦主链路恢复正常，它会重新进入路由表承担数据转发任务，备份链路则会变为不可用状态。

需要注意的是，浮动路由在同一时刻只会有一条链路承担数据转发任务，这种工作方式可确保网络的稳定性和可靠性。浮动路由基于路由表的管理距离分配链路，管理距离越低，优先级越高。因此，在配置浮动路由时，合理设置各链路的优先级是重点，必须在主链路出现故障时能顺利切换到备份链路，保证网络的连通性和稳定性。

3. 浮动路由的特点

浮动路由是一种根据当前网络状态不断调整的路由策略，它的特点如下。

（1）预防单点故障

浮动路由设计的初衷是预防链路的单点故障，当主链路出现故障时，备份链路会自动进入路由表，代替主链路承担数据转发工作，有效预防了因单点故障而造成的网络中断。

（2）冗余备份机制

浮动路由提供了冗余备份机制。在关键网络应用场景中，即使主链路出现故障，备份链路也能保证网络连通，极大地提高了网络的连通性和稳定性。

（3）转移动态故障

浮动路由可在主链路出现故障时实现动态的故障转移。备份链路可自动接管数据转发任务，无须人工操作，这样的转移机制可以迅速响应网络故障，减少网络中断的时间。

（4）控制优先级

浮动路由通过设置不同的优先级来决定链路的使用顺序。

（5）单一时刻数据转发

浮动路由在同一时刻只允许一条链路进行数据转发任务，确保了数据转发的连续性和一致性，避免了因多条链路同时转发数据而造成的网络环境冲突和混乱。

小提示

当同时配置了主链路和备份链路时，路由表中只会显示正在工作的主链路。当主链路出现故障，备份链路自动介入时，路由表中才会显示备份链路的相关信息。

4. 浮动路由的配置命令

浮动路由和静态选路的配置命令大同小异，但浮动路由在配置备份链路时，需要加上优先级，浮动路由的相关配置必须在系统视图下完成，具体命令如下。

```
ip route-static {目的 IP 地址} {子网掩码} {下一跳地址} {优先级编号}
```

小提示

浮动路由配置时目的 IP 地址、子网掩码、下一跳地址与静态选路配置完全相同，需要注意的是优先级的编号。

静态选路和默认路由的优先级为 60，在配置备份链路时，需要在优先级中输入比 60 更大的数值。在华为设备中，优先级的取值范围为 1～255。

例如，当目的 IP 地址为 192.168.1.1，子网掩码为 255.255.255.0，下一跳地址为 1.1.1.1，优先级为 100 时，命令为：ip route-static 192.168.1.0 255.255.255.0 1.1.1.1 preference 100 或 ip route-static 192.168.1.0 24 1.1.1.1 preference 100。

一、任务描述

本任务要求实现总公司计算机 PC1 和分公司计算机 PC2 通过 3 台路由器进行连接，路由器每个接口上均存在对应的 IP 地址和子网掩码。其中，AR1 和 AR2 路由器通过 2 条链路配置浮动路由。使用配置静态选路和默认路由的方式使总公司计算机 PC1 和分公司计算机 PC2 可以相互访问。

本任务所需的实验设备主要有：AR2220 路由器 3 台，带有网卡的 PC 2 台，直连网线 5 条，以及电源线若干。

本任务的实验拓扑图如图 4–12 所示。

二、操作步骤

1. 配置 IP 地址

根据本任务要求，在 2 台 PC 和 3 台路由器的配置界面添加对应的 IP 地址，各端口 IP 信息对应表见表 4–3。

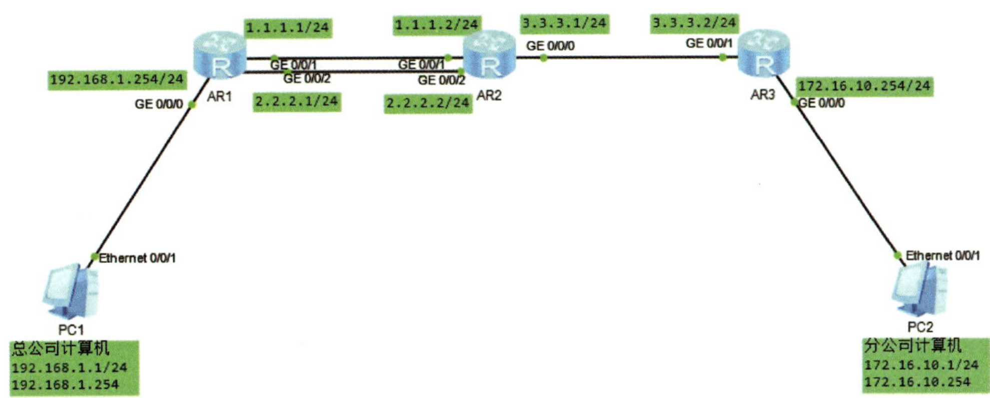

图 4-12　实验拓扑图

表 4-3　各端口 IP 信息对应表

设备名	端口	IP 地址	子网掩码	默认网关
PC1	网卡	192.168.1.1	255.255.255.0	192.168.1.254
PC2	网卡	172.16.10.1	255.255.255.0	172.16.10.254
AR1	GigabitEthernet0/0/0	192.168.1.254	255.255.255.0	—
	GigabitEthernet0/0/1	1.1.1.1	255.255.255.0	—
	GigabitEthernet0/0/2	2.2.2.1	255.255.255.0	—
AR2	GigabitEthernet0/0/0	3.3.3.1	255.255.255.0	—
	GigabitEthernet0/0/1	1.1.1.2	255.255.255.0	—
	GigabitEthernet0/0/2	2.2.2.2	255.255.255.0	—
AR3	GigabitEthernet0/0/0	172.16.10.254	255.255.255.0	—
	GigabitEthernet0/0/1	3.3.3.2	255.255.255.0	—

2. 进入 AR1、AR2、AR3 系统视图修改名称

（1）AR1 的具体命令如下。

```
<Huawei>system-view
[Huawei]sysname AR1
```

（2）AR2 的具体命令如下。

```
<Huawei>system-view
[Huawei]sysname AR2
```

（3）AR3 的具体命令如下。

```
<Huawei>system-view
[Huawei]sysname AR3
```

3. 配置 AR1、AR2、AR3 各端口 IP 地址

（1）AR1 的具体命令如下。

```
[AR1]interface GigabitEthernet0/0/0
[AR1-GigabitEthernet0/0/0]ip address 192.168.1.254 24
[AR1-GigabitEthernet0/0/0]quit
[AR1]interface GigabitEthernet0/0/1
[AR1-GigabitEthernet0/0/1]ip address 1.1.1.1 24
[AR1-GigabitEthernet0/0/1]quit
[AR1]interface GigabitEthernet0/0/2
[AR1-GigabitEthernet0/0/2]ip address 2.2.2.1 24
[AR1-GigabitEthernet0/0/2]quit
```

（2）AR2 的具体命令如下。

```
[AR2]interface GigabitEthernet0/0/0
[AR2-GigabitEthernet0/0/0]ip address 3.3.3.1 24
[AR2-GigabitEthernet0/0/0]quit
[AR2]interface GigabitEthernet0/0/1
[AR2-GigabitEthernet0/0/1]ip address 1.1.1.2 24
[AR2-GigabitEthernet0/0/1]quit
[AR2]interface GigabitEthernet0/0/2
[AR2-GigabitEthernet0/0/2]ip address 2.2.2.2 24
[AR2-GigabitEthernet0/0/2]quit
```

（3）AR3 的具体命令如下。

```
[AR3]interface GigabitEthernet0/0/0
[AR3-GigabitEthernet0/0/0]ip address 172.16.10.254 24
[AR3-GigabitEthernet0/0/0]quit
[AR3]interface GigabitEthernet0/0/1
[AR3-GigabitEthernet0/0/1]ip address 3.3.3.2 24
[AR3-GigabitEthernet0/0/1]quit
```

4. 配置 AR1、AR2、AR3 的静态选路、默认路由和浮动路由

（1）AR1 的具体命令如下。

```
[AR1]ip route-static 0.0.0.0 0 1.1.1.2
[AR1]ip route-static 0.0.0.0 0 2.2.2.2 preference 100
```

（2）AR2 的具体命令如下。

```
[AR2]ip route-static 192.168.1.0 24 1.1.1.1
[AR2]ip route-static 192.168.1.0 24 2.2.2.1 preference 100
[AR2]ip route-static 172.16.10.0 24 3.3.3.2
```

（3）AR3 的具体命令如下。

```
[AR3]ip route-static 0.0.0.0 0 3.3.3.1
```

5. 检查配置结果

上述操作已完成端口 IP 地址、静态选路和默认路由配置，此时可通过 display ip routing-table 命令检查 AR1 的路由表信息，具体命令如下。

```
[AR1] display ip routing-table
```

执行此命令后，AR1 的路由表信息如图 4-13 所示。

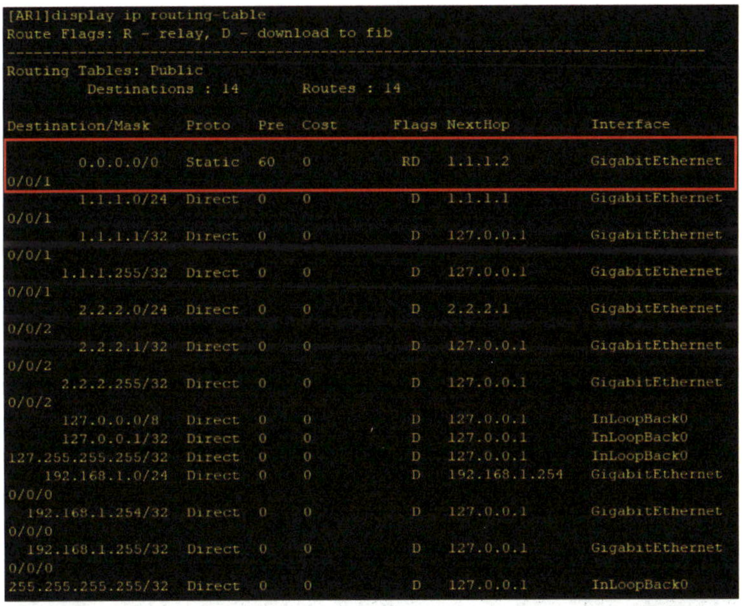

```
[AR1]display ip routing-table
Route Flags: R - relay, D - download to fib
------------------------------------------------------------------------------
Routing Tables: Public
         Destinations : 14       Routes : 14

Destination/Mask    Proto   Pre  Cost      Flags NextHop         Interface

        0.0.0.0/0   Static  60   0           RD  1.1.1.2         GigabitEthernet
0/0/1
        1.1.1.0/24  Direct  0    0           D   1.1.1.1         GigabitEthernet
0/0/1
        1.1.1.1/32  Direct  0    0           D   127.0.0.1       GigabitEthernet
0/0/1
      1.1.1.255/32  Direct  0    0           D   127.0.0.1       GigabitEthernet
0/0/1
        2.2.2.0/24  Direct  0    0           D   2.2.2.1         GigabitEthernet
0/0/2
        2.2.2.1/32  Direct  0    0           D   127.0.0.1       GigabitEthernet
0/0/2
      2.2.2.255/32  Direct  0    0           D   127.0.0.1       GigabitEthernet
0/0/2
      127.0.0.0/8   Direct  0    0           D   127.0.0.1       InLoopBack0
      127.0.0.1/32  Direct  0    0           D   127.0.0.1       InLoopBack0
127.255.255.255/32  Direct  0    0           D   127.0.0.1       InLoopBack0
    192.168.1.0/24  Direct  0    0           D   192.168.1.254   GigabitEthernet
0/0/0
  192.168.1.254/32  Direct  0    0           D   127.0.0.1       GigabitEthernet
0/0/0
  192.168.1.255/32  Direct  0    0           D   127.0.0.1       GigabitEthernet
0/0/0
255.255.255.255/32  Direct  0    0           D   127.0.0.1       InLoopBack0
```

图 4-13　AR1 的路由表信息

通过 display ip routing-table 命令检查 AR2 的路由表信息，具体命令如下。

```
[AR2] display ip routing-table
```

执行此命令后，AR2 的路由表信息如图 4-14 所示。

```
[AR2]display ip routing-table
Route Flags: R - relay, D - download to fib
------------------------------------------------------------------------------
Routing Tables: Public
         Destinations : 15       Routes : 15

Destination/Mask    Proto   Pre  Cost      Flags NextHop         Interface

        1.1.1.0/24  Direct  0    0           D   1.1.1.2         GigabitEthernet
0/0/1
        1.1.1.2/32  Direct  0    0           D   127.0.0.1       GigabitEthernet
0/0/1
      1.1.1.255/32  Direct  0    0           D   127.0.0.1       GigabitEthernet
0/0/1
        2.2.2.0/24  Direct  0    0           D   2.2.2.2         GigabitEthernet
0/0/2
        2.2.2.2/32  Direct  0    0           D   127.0.0.1       GigabitEthernet
0/0/2
      2.2.2.255/32  Direct  0    0           D   127.0.0.1       GigabitEthernet
0/0/2
        3.3.3.0/24  Direct  0    0           D   3.3.3.1         GigabitEthernet
0/0/0
        3.3.3.1/32  Direct  0    0           D   127.0.0.1       GigabitEthernet
0/0/0
      3.3.3.255/32  Direct  0    0           D   127.0.0.1       GigabitEthernet
0/0/0
      127.0.0.0/8   Direct  0    0           D   127.0.0.1       InLoopBack0
      127.0.0.1/32  Direct  0    0           D   127.0.0.1       InLoopBack0
127.255.255.255/32  Direct  0    0           D   127.0.0.1       InLoopBack0
    172.16.10.0/24  Static  60   0          RD   3.3.3.2         GigabitEthernet
0/0/0
    192.168.1.0/24  Static  60   0          RD   1.1.1.1         GigabitEthernet
0/0/1
255.255.255.255/32  Direct  0    0           D   127.0.0.1       InLoopBack0
```

图 4-14　AR2 的路由表信息

通过 display ip routing-table 命令检查 AR3 的路由表信息，具体命令如下。

```
[AR3] display ip routing-table
```

执行此命令后，AR3 的路由表信息如图 4-15 所示。

```
[AR3]display ip routing-table
Route Flags: R - relay, D - download to fib
------------------------------------------------------------------------------
Routing Tables: Public
         Destinations : 11       Routes : 11

Destination/Mask    Proto   Pre  Cost      Flags NextHop         Interface

        0.0.0.0/0   Static  60   0          RD   3.3.3.1         GigabitEthernet
0/0/1
        3.3.3.0/24  Direct  0    0           D   3.3.3.2         GigabitEthernet
0/0/1
        3.3.3.2/32  Direct  0    0           D   127.0.0.1       GigabitEthernet
0/0/1
      3.3.3.255/32  Direct  0    0           D   127.0.0.1       GigabitEthernet
0/0/1
      127.0.0.0/8   Direct  0    0           D   127.0.0.1       InLoopBack0
      127.0.0.1/32  Direct  0    0           D   127.0.0.1       InLoopBack0
127.255.255.255/32  Direct  0    0           D   127.0.0.1       InLoopBack0
    172.16.10.0/24  Direct  0    0           D   172.16.10.254   GigabitEthernet
0/0/0
  172.16.10.254/32  Direct  0    0           D   127.0.0.1       GigabitEthernet
0/0/0
  172.16.10.255/32  Direct  0    0           D   127.0.0.1       GigabitEthernet
0/0/0
255.255.255.255/32  Direct  0    0           D   127.0.0.1       InLoopBack0
```

图 4-15　AR3 的路由表信息

可见，AR1、AR2、AR3 这 3 台路由器的路由表信息中均存在静态选路或默认路由。但在 AR1 和 AR2 的路由表信息中，并未出现此前配置优先级为 100 的浮动路由。正如前文所述，浮动路由中的备用链路必须在主链路出现故障时才会在路由表中出现，为了验证此知识点，现将 AR1 和 AR2 连接的主链路端口 shutdown（关机），如图 4-16 所示。

```
[AR1]interface GigabitEthernet 0/0/1
[AR1-GigabitEthernet0/0/1]shutdown
[AR1-GigabitEthernet0/0/1]quit
```

图 4-16　将 AR1 和 AR2 连接的主链路端口 shutdown

此时再使用 display ip routing-table 命令查看 AR1 的路由表信息，会发现此前配置的优先级为 100 的浮动路由已出现在路由表信息中，如图 4-17 所示，浮动路由配置成功。

```
[AR1]display ip routing-table
Route Flags: R - relay, D - download to fib
------------------------------------------------------------------------------
Routing Tables: Public
         Destinations : 11       Routes : 11

Destination/Mask    Proto   Pre  Cost      Flags NextHop         Interface

        0.0.0.0/0   Static  100  0          RD   2.2.2.2         GigabitEthernet
0/0/2
        2.2.2.0/24  Direct  0    0           D   2.2.2.1         GigabitEthernet
0/0/2
        2.2.2.1/32  Direct  0    0           D   127.0.0.1       GigabitEthernet
0/0/2
      2.2.2.255/32  Direct  0    0           D   127.0.0.1       GigabitEthernet
0/0/2
      127.0.0.0/8   Direct  0    0           D   127.0.0.1       InLoopBack0
      127.0.0.1/32  Direct  0    0           D   127.0.0.1       InLoopBack0
127.255.255.255/32  Direct  0    0           D   127.0.0.1       InLoopBack0
    192.168.1.0/24  Direct  0    0           D   192.168.1.254   GigabitEthernet
0/0/0
  192.168.1.254/32  Direct  0    0           D   127.0.0.1       GigabitEthernet
0/0/0
  192.168.1.255/32  Direct  0    0           D   127.0.0.1       GigabitEthernet
0/0/0
255.255.255.255/32  Direct  0    0           D   127.0.0.1       InLoopBack0
```

图 4-17　AR1 的路由表信息

6. 通信测试

使用总公司计算机 PC1 进行测试，使用 Ping 命令检测其与分公司计算机 PC2 的连通性，测试结果如图 4-18 所示。

```
PC>ping 172.16.10.1

Ping 172.16.10.1: 32 data bytes, Press Ctrl_C to break
From 172.16.10.1: bytes=32 seq=1 ttl=125 time=15 ms
From 172.16.10.1: bytes=32 seq=2 ttl=125 time=32 ms
From 172.16.10.1: bytes=32 seq=3 ttl=125 time=15 ms
From 172.16.10.1: bytes=32 seq=4 ttl=125 time=31 ms
From 172.16.10.1: bytes=32 seq=5 ttl=125 time=16 ms

--- 172.16.10.1 ping statistics ---
  5 packet(s) transmitted
  5 packet(s) received
  0.00% packet loss
  round-trip min/avg/max = 15/21/32 ms
```

图 4-18　总公司计算机 PC1 和分公司计算机 PC2 的通信测试结果

项目五
路由扩展知识

任务 1　路由信息协议

1. 了解路由信息协议的概念、运行过程和路由计算方法。
2. 掌握配置路由信息协议的方法和命令。
3. 实现路由信息协议的配置。

随着科技的发展，传统的静态选路配置方式已经无法满足日渐复杂的网络环境需求。路由信息协议作为一种采用距离向量路由算法传播路由信息的协议，具有配置简单、易于管理等特点，非常适用于中小型网络环境。

一、路由信息协议

路由信息协议（Routing Information Protocol，RIP）是应用较早、使用较普遍的内部网关协议，适用于小型同类网络，是非常典型的基于距离向量路由算法的协议。其中，距离向量的数值是从源地址通往目标地址需经过的链路数，其取值范围为 0 ~ 16。当距离向量的数值为 16 时，表示路径为无限长，此时路由表会删除此条目，因此，RIP 无法在大型网络中应用。

RIP 分为 RIPv1 和 RIPv2 两个版本。其中，RIPv2 相较于 RIPv1，增加了支持可变长子网掩码（Variable Length Subnet Mask，VLSM）和无类别域间路由选择（Classless Inter-Domain Routing，CIDR），还增加了认证机制，安全性相对较高。

二、路由信息协议的运行过程

1. 发送请求报文（request message）

路由器启动 RIP，向周边相邻的路由器广播发送请求报文。

2. 回送响应报文（response message）

周边相邻的路由器接收到请求报文后，把自己的路由表封装在响应报文内并回送。

3. 修改本地路由表

路由器收到周边相邻路由器的响应报文后，修改本地路由表。

三、路由信息协议的路由计算

1. 修改路由表信息并发送广播

路由器在接收到响应报文后，会对应修改路由表信息。相应的路由表中的开销（Cost）也会变化，同时路由器会向周边相邻的路由器发送更新修改报文的广播。

2. 周边相邻的路由器接收和发送广播

周边相邻的路由器在接收到触发更新修改的报文后，又会对各自相邻的路由器发送触发更新修改的报文，通过这种形式，各个路由器可得到最新的路由信息。

3. 对超时的路由器进行老化处理

RIP 采用老化机制对超时的路由器进行老化处理。RIP 分组每隔 30 s 就会以广播的形式发送一次信息，如果一台路由器超过 180 s 未被刷新，就会被定义为距离无穷大，并被移出路由表。

四、路由信息协议的优点和缺点

1. 优点

（1）配置简单方便

RIP 的设计相对简单，易于配置和管理，且在网络设备上的资源消耗较低。

（2）兼容性高

RIP 作为使用非常广泛的路由协议，被绝大部分网络设备支持。即便是来自不同

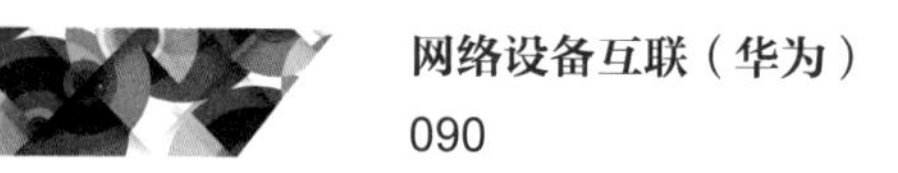

厂家或不同型号的设备，大概率也能兼容 RIP。

（3）自适应性强

RIP 可以自动发现网络中的路由器，并自动根据网络拓扑的变化更新路由表，可有效地减少网络工程师手动配置路由器的工作量。

（4）稳定性强

RIP 通常使用水平分裂（Split Horizon）技术来避免转发回路，在此基础上，RIP 还提供了毒性逆转（Poison Reverse）机制，以进一步减少出现转发回路的可能性。

2. 缺点

（1）收敛速度慢

RIP 的路由更新周期较长（默认为 30 s），这有可能导致网络拓扑产生变化后路由收敛不及时的问题，在规模较大或变化速度较快的网络中，有可能引发故障。

（2）跳数限制

RIP 使用跳数作为衡量路径长度的标准，其最大可用值为 15，这限制了 RIP 在大型网络中的使用，当路径长度的值超过 15 时，RIP 将自动抛弃该路径。

五、路由信息协议的配置命令

RIP 的相关配置必须在系统视图下完成，具体如下。

1. 执行 RIP 进程并进入 RIP 视图

具体命令如下。

```
rip
```

2. 指定全局 RIP 版本

具体命令如下。

```
version｛版本号｝
```

例如，当版本号为 1 或 2 时，命令为：version 1 或 version 2。

3. 宣告当前路由器直连网段

具体命令如下。

```
network｛网络地址｝
```

例如，当路由器的端口 IP 为 192.168.10.1 时，命令为：network 192.168.10.0（请注意网络地址与端口 IP 不同）。

一、任务描述

本任务要求实现 PC1 和 PC2 通过 3 台路由器进行连接，所有路由器每个接口上均存在对应的 IP 地址，在不使用静态选路和默认路由的情况下，通过配置 RIP 使 PC1 和 PC2 可以相互访问。

本任务所需的实验设备主要有：AR2220 路由器 3 台，带有网卡的 PC 2 台，直连网线 4 条，以及电源线若干。

本任务的实验拓扑图如图 5-1 所示。

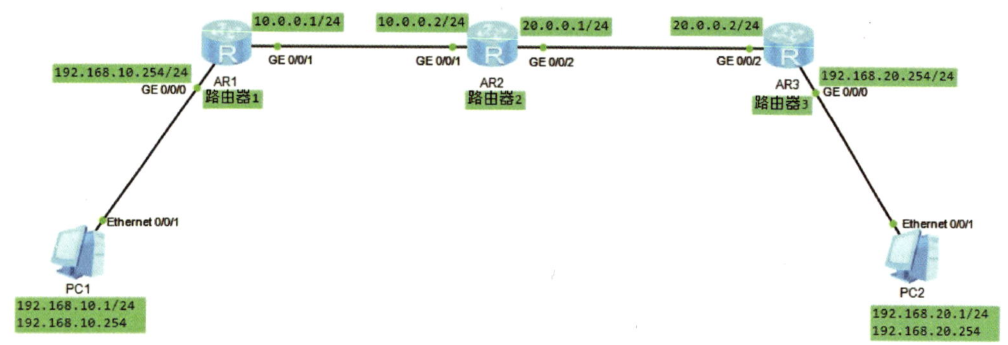

图 5-1　实验拓扑图

二、操作步骤

1. 配置 IP 地址

根据本任务要求，在 2 台 PC 和 3 台路由器的配置界面添加对应的 IP 地址，各端口 IP 信息对应表见表 5-1。

表 5-1　各端口 IP 信息对应表

设备名	端口	IP 地址	子网掩码	默认网关
PC1	网卡	192.168.10.1	255.255.255.0	192.168.10.254
PC2	网卡	192.168.20.1	255.255.255.0	192.168.20.254
AR1	GigabitEthernet0/0/0	192.168.10.254	255.255.255.0	—
	GigabitEthernet0/0/1	10.0.0.1	255.255.255.0	—
AR2	GigabitEthernet0/0/1	10.0.0.2	255.255.255.0	—
	GigabitEthernet0/0/2	20.0.0.1	255.255.255.0	—

续表

设备名	端口	IP 地址	子网掩码	默认网关
AR3	GigabitEthernet0/0/2	20.0.0.2	255.255.255.0	—
	GigabitEthernet0/0/0	192.168.20.254	255.255.255.0	—

2. 进入 AR1、AR2、AR3 系统视图修改名称

（1）AR1 的具体命令如下。

```
<Huawei>system-view
[Huawei]sysname AR1
```

（2）AR2 的具体命令如下。

```
<Huawei>system-view
[Huawei]sysname AR2
```

（3）AR3 的具体命令如下。

```
<Huawei>system-view
[Huawei]sysname AR3
```

3. 配置 AR1、AR2、AR3 各端口 IP 地址

（1）AR1 的具体命令如下。

```
[AR1]interface GigabitEthernet0/0/0
[AR1-GigabitEthernet0/0/0]ip address 192.168.10.254 24
[AR1-GigabitEthernet0/0/0]quit
[AR1]interface GigabitEthernet0/0/1
[AR1-GigabitEthernet0/0/1]ip address 10.0.0.1 24
[AR1-GigabitEthernet0/0/1]quit
```

（2）AR2 的具体命令如下。

```
[AR2]interface GigabitEthernet0/0/1
[AR2-GigabitEthernet0/0/1]ip address 10.0.0.2 24
[AR2-GigabitEthernet0/0/1]quit
[AR2]interface GigabitEthernet0/0/2
[AR2-GigabitEthernet0/0/2]ip address 20.0.0.1 24
[AR2-GigabitEthernet0/0/2]quit
```

（3）AR3 的具体命令如下。

```
[AR3]interface GigabitEthernet0/0/0
[AR3-GigabitEthernet0/0/0]ip address 192.168.20.254 24
[AR3-GigabitEthernet0/0/0]quit
[AR3]interface GigabitEthernet0/0/2
[AR3-GigabitEthernet0/0/2]ip address 20.0.0.2 24
[AR3-GigabitEthernet0/0/2]quit
```

4. 在 AR1、AR2、AR3 中分别执行 RIP 进程

分别进入 AR1、AR2、AR3 的 RIP 视图，指定版本号为 2，并分别宣告路由器的直连网段。

（1）AR1 的具体命令如下。

```
[AR1]rip
[AR1-rip-1]version 2
[AR1-rip-1]network 192.168.10.0
[AR1-rip-1]network 10.0.0.0
[AR1-rip-1]quit
```

（2）AR2 的具体命令如下。

```
[AR2]rip
[AR2-rip-1]version 2
[AR2-rip-1]network 10.0.0.0
[AR2-rip-1]network 20.0.0.0
[AR2-rip-1]quit
```

（3）AR3 的具体命令如下。

```
[AR3]rip
[AR3-rip-1]version 2
[AR3-rip-1]network 192.168.20.0
[AR3-rip-1]network 20.0.0.0
[AR3-rip-1]quit
```

5. 检查配置结果

上述操作已完成 RIP 动态选路的配置，此时可通过 display ip routing-table 命令检查 AR1 的路由表信息，具体命令如下。

```
[AR1]display ip routing-table
```

执行此命令后，在 AR1 的路由表信息中可见，已出现未直连的 20.0.0.0 网段和 192.168.20.0 网段，以上网段信息均来自 RIP。AR1 的路由表信息如图 5-2 所示。

```
[AR1]display ip routing-table
Route Flags: R - relay, D - download to fib
------------------------------------------------------------------------------
Routing Tables: Public
         Destinations : 12       Routes : 12

Destination/Mask    Proto   Pre  Cost      Flags NextHop         Interface

       10.0.0.0/24  Direct  0    0           D   10.0.0.1        GigabitEthernet
0/0/1
       10.0.0.1/32  Direct  0    0           D   127.0.0.1       GigabitEthernet
0/0/1
     10.0.0.255/32  Direct  0    0           D   127.0.0.1       GigabitEthernet
0/0/1
       20.0.0.0/24  RIP     100  1           D   10.0.0.2        GigabitEthernet
0/0/1
      127.0.0.0/8   Direct  0    0           D   127.0.0.1       InLoopBack0
      127.0.0.1/32  Direct  0    0           D   127.0.0.1       InLoopBack0
127.255.255.255/32  Direct  0    0           D   127.0.0.1       InLoopBack0
   192.168.10.0/24  Direct  0    0           D   192.168.10.254  GigabitEthernet
0/0/0
 192.168.10.254/32  Direct  0    0           D   127.0.0.1       GigabitEthernet
0/0/0
 192.168.10.255/32  Direct  0    0           D   127.0.0.1       GigabitEthernet
0/0/0
   192.168.20.0/24  RIP     100  2           D   10.0.0.2        GigabitEthernet
0/0/1
255.255.255.255/32  Direct  0    0           D   127.0.0.1       InLoopBack0
```

图 5-2　AR1 的路由表信息

通过 display ip routing-table 命令检查 AR2 的路由表信息，具体命令如下。

```
[AR2]display ip routing-table
```

执行此命令后，在 AR2 的路由表信息中可见，已出现未直连的 192.168.10.0 网段和 192.168.20.0 网段，以上网段信息均来自 RIP。AR2 的路由表信息如图 5-3 所示。

```
[AR2]display ip routing-table
Route Flags: R - relay, D - download to fib
------------------------------------------------------------------------------
Routing Tables: Public
         Destinations : 12       Routes : 12

Destination/Mask    Proto   Pre  Cost      Flags NextHop         Interface

       10.0.0.0/24  Direct  0    0           D   10.0.0.2        GigabitEthernet
0/0/1
       10.0.0.2/32  Direct  0    0           D   127.0.0.1       GigabitEthernet
0/0/1
     10.0.0.255/32  Direct  0    0           D   127.0.0.1       GigabitEthernet
0/0/1
       20.0.0.0/24  Direct  0    0           D   20.0.0.1        GigabitEthernet
0/0/2
       20.0.0.1/32  Direct  0    0           D   127.0.0.1       GigabitEthernet
0/0/2
     20.0.0.255/32  Direct  0    0           D   127.0.0.1       GigabitEthernet
0/0/2
      127.0.0.0/8   Direct  0    0           D   127.0.0.1       InLoopBack0
      127.0.0.1/32  Direct  0    0           D   127.0.0.1       InLoopBack0
127.255.255.255/32  Direct  0    0           D   127.0.0.1       InLoopBack0
   192.168.10.0/24  RIP     100  1           D   10.0.0.1        GigabitEthernet
0/0/1
   192.168.20.0/24  RIP     100  1           D   20.0.0.2        GigabitEthernet
0/0/2
255.255.255.255/32  Direct  0    0           D   127.0.0.1       InLoopBack0
```

图 5-3　AR2 的路由表信息

通过 display ip routing-table 命令检查 AR3 的路由表信息，具体命令如下。

```
[AR3]display ip routing-table
```

执行此命令后，在 AR3 的路由表信息中可见，已出现未直连的 10.0.0.0 网段和 192.168.10.0 网段，以上网段信息均来自 RIP。AR3 的路由表信息如图 5-4 所示。

```
[AR3]display ip routing-table
Route Flags: R - relay, D - download to fib
------------------------------------------------------------------------------
Routing Tables: Public
         Destinations : 12       Routes : 12

Destination/Mask    Proto   Pre  Cost      Flags NextHop         Interface

       10.0.0.0/24  RIP     100  1           D   20.0.0.1        GigabitEthernet
0/0/2
       20.0.0.0/24  Direct  0    0           D   20.0.0.2        GigabitEthernet
0/0/2
       20.0.0.2/32  Direct  0    0           D   127.0.0.1       GigabitEthernet
0/0/2
     20.0.0.255/32  Direct  0    0           D   127.0.0.1       GigabitEthernet
0/0/2
      127.0.0.0/8   Direct  0    0           D   127.0.0.1       InLoopBack0
      127.0.0.1/32  Direct  0    0           D   127.0.0.1       InLoopBack0
127.255.255.255/32  Direct  0    0           D   127.0.0.1       InLoopBack0
   192.168.10.0/24  RIP     100  2           D   20.0.0.1        GigabitEthernet
0/0/2
   192.168.20.0/24  Direct  0    0           D   192.168.20.254  GigabitEthernet
0/0/0
 192.168.20.254/32  Direct  0    0           D   127.0.0.1       GigabitEthernet
0/0/0
 192.168.20.255/32  Direct  0    0           D   127.0.0.1       GigabitEthernet
0/0/0
255.255.255.255/32  Direct  0    0           D   127.0.0.1       InLoopBack0
```

图 5-4　AR3 的路由表信息

6. 通信测试

使用 PC1 进行测试，使用 Ping 命令检测其与 PC2 的连通性，测试结果如图 5-5 所示。

```
PC>ping 192.168.20.1

Ping 192.168.20.1: 32 data bytes, Press Ctrl_C to break
From 192.168.20.1: bytes=32 seq=1 ttl=125 time=32 ms
From 192.168.20.1: bytes=32 seq=2 ttl=125 time=15 ms
From 192.168.20.1: bytes=32 seq=3 ttl=125 time=31 ms
From 192.168.20.1: bytes=32 seq=4 ttl=125 time=16 ms
From 192.168.20.1: bytes=32 seq=5 ttl=125 time=31 ms

--- 192.168.20.1 ping statistics ---
  5 packet(s) transmitted
  5 packet(s) received
  0.00% packet loss
  round-trip min/avg/max = 15/25/32 ms
```

图 5-5　PC1 和 PC2 的通信测试结果

任务 2　开放最短通路优先协议

1. 了解开放最短通路优先协议的概念和区域。
2. 掌握开放最短通路优先协议的工作原理。
3. 实现开放最短通路优先协议的配置。

随着科技的发展，企业的网络规模不断扩大，传统的静态选路配置已无法满足对网络高效、可靠和自动化管理的需求。在实际应用中，开放最短通路优先协议作为一种非常成熟的动态选路协议，可满足自动发现网络拓扑、计算最优路径、维护路由信息等需求，因而被广泛应用于大型企业网络中。

一、开放最短通路优先协议

开放最短通路优先协议（Open Shortest Path First，OSPF）是在 IP 网络中用于自动发现、自动计算和维护路由链路状态的路由协议。它归属于内部网关协议（Interior Gateway Protocol，IGP），在自治系统（Autonomous System，AS）内部工作。

二、开放最短通路优先协议的工作原理

1. OSPF 的报文

OSPF 中存在 5 种报文，各报文的名称和功能见表 5-2。

表 5-2　OSPF 报文的名称和功能

报文名称	报文功能
Hello	发现和维护邻居关系
Database Description	发送链路状态数据库信息
Link State Request	请求特定链路状态信息

续表

报文名称	报文功能
Link State Update	发送详细链路状态信息
Link State Acknowledgement	发送确认报文

2. OSPF 的运行过程

（1）OSPF 以组播的方式向所有开启 OSPF 协议的端口发送 Hello 报文，以检测是否存在 OSPF 邻居。

（2）在发送 Hello 报文后，若发现 OSPF 邻居，就会建立 OSPF 邻居关系，在路由表中生成表项。

（3）在生成表项后，向各 OSPF 邻居发送 Link State Acknowledgement（简称 LSA）报文相互通告路由，形成链路状态数据库（Link State Database，LSDB）。

（4）根据 LSDB 信息，通过最短通路优先（Shortest Path First，SPF）算法计算最佳路径后将其放入路由表中。

三、开放最短通路优先协议的区域

OSPF 从逻辑上将不同的设备规划为不同的分组，每个分组使用不同的区域号（Area ID）进行标识，包括骨干区域和非骨干区域。

1. 骨干区域（Area 0 区域）

OSPF 必须存在一个骨干区域，也就是 Area 0 区域。骨干区域通常直接连接所有的非骨干区域，正常情况下骨干区域内只存在路由器、交换机等设备，不存在终端设备。

2. 非骨干区域（非 Area 0 区域）

OSPF 可同时存在多个非骨干区域，且非骨干区域必须连接骨干区域通信，绝大多数情况下非骨干区域用于终端设备的连接。

四、反向子网掩码

反向子网掩码又称通配符掩码，路由器使用反向子网掩码和源地址或目标地址一起来分辨匹配的地址范围。子网掩码的作用是告知路由器 IP 地址的网络号，反向子网掩码则是告知设备为了判断和匹配，它需要检查 IP 地址的位数。

在绝大部分配置中，子网掩码都是以正常形态输入（如 255.255.255.0）或使用聚合表示法输入（如 /24）。但在 OSPF 配置中，子网掩码需要以反向的形态输入。需要注意的是，反向子网掩码并不是以十进制进行反向，而是以二进制进行反向，由于二进制只存在 0 和 1，所以也可以简单地将反向理解为将 0 变为 1、将 1 变为 0，具体案例

如下。

1. 以使用最广泛的 24 位子网掩码 255.255.255.0 为例

首先，将 255.255.255.0 转换为点分二进制，可得出 11111111.11111111.11111111.00000000。根据将 0 变为 1、将 1 变为 0 的反向原则，可得出 00000000.00000000.00000000.11111111。最后，将二进制转换为点分十进制，可得出 0.0.0.255。

所以，当子网掩码为 255.255.255.0 时，配置 OSPF 所需输入的反向子网掩码为 0.0.0.255。

2. 以 25 位子网掩码 255.255.255.128 为例

首先，将 255.255.255.128 转换为点分二进制，可得出 11111111.11111111.11111111.10000000。根据将 0 变为 1、将 1 变为 0 的反向原则，可得出 00000000.00000000.00000000.01111111。最后，将二进制转换为点分十进制，可得出 0.0.0.127。

所以，当子网掩码为 255.255.255.128 时，配置 OSPF 所需输入的反向子网掩码为 0.0.0.127。

五、开放最短通路优先协议的配置命令

OSPF 所有的相关配置必须在系统视图下完成。

1. 启用 OSPF，默认 ID 为 1

具体命令如下。

```
ospf 1
```

2. 指定区域

具体命令如下。

```
area {区域号}
```

例如，当需要指定骨干区域（Area 0）或非骨干区域（Area 1）时，命令为：area 0 或 area 1。

3. 宣告当前路由器直连网段

具体命令如下。

```
network {网络地址} {反掩码}
```

例如，当路由器的端口 IP 为 192.168.10.1、子网掩码为 24 位时，命令为：network 192.168.10.0 0.0.0.255。

一、任务描述

本任务要求实现 2 台不同网段的 PC（PC1、PC2）通过 2 台路由器相互连接，并根据需求划分骨干区域 Area 0 和非骨干区域 Area 1、Area 2，在 PC1、PC2 和路由器端口上配置对应的 IP 地址，并通过配置 OSPF 使 PC1 和 PC2 可以相互通信。

本任务所需的实验设备主要有：AR2220 路由器 2 台，带有网卡的 PC 2 台，直连网线 3 条，以及电源线若干。

本任务的实验拓扑图如图 5-6 所示。

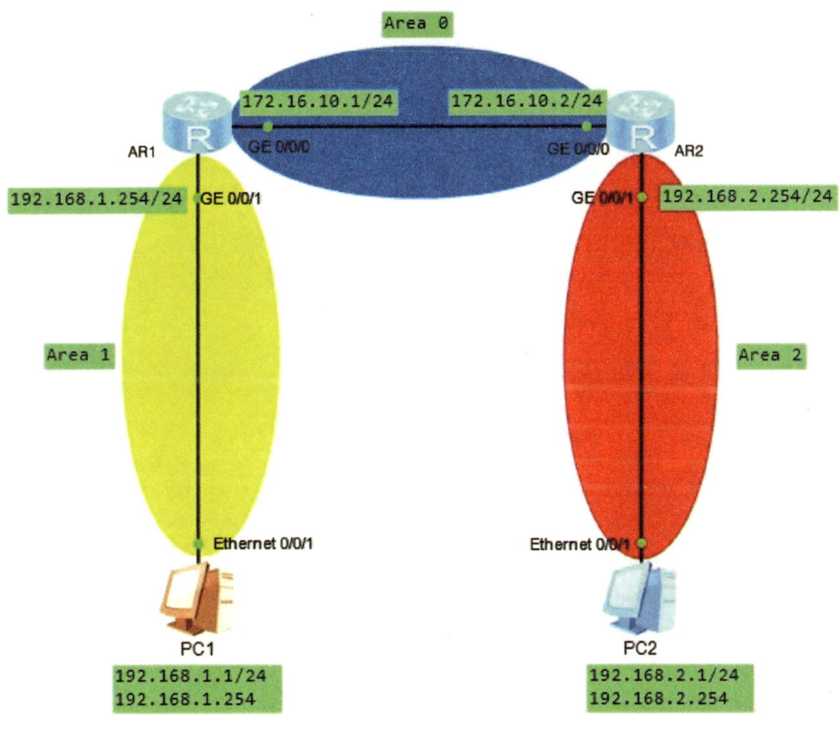

图 5-6　实验拓扑图

二、操作步骤

1．配置 IP 地址

根据本任务要求，在 2 台 PC 和 2 台路由器的配置界面添加对应的 IP 地址，各端口 IP 信息对应表见表 5-3。

表 5-3　各端口 IP 信息对应表

设备	端口	IP 地址	子网掩码	网关
PC1	网卡	192.168.1.1	255.255.255.0	192.168.1.254
PC2	网卡	192.168.2.1	255.255.255.0	192.168.2.254
AR1	GigabitEthernet0/0/0	172.16.10.1	255.255.255.0	—
	GigabitEthernet0/0/1	192.168.1.254	255.255.255.0	—
AR2	GigabitEthernet0/0/0	172.16.10.2	255.255.255.0	—
	GigabitEthernet0/0/1	192.168.2.254	255.255.255.0	—

2. 进入 AR1、AR2 系统视图修改名称

（1）AR1 的具体命令如下。

```
<Huawei>system-view
[Huawei]sysname AR1
```

（2）AR2 的具体命令如下。

```
<Huawei>system-view
[Huawei]sysname AR2
```

3. 配置 AR1、AR2 各端口 IP 地址

（1）AR1 的具体命令如下。

```
[AR1]interface GigabitEthernet0/0/0
[AR1-GigabitEthernet0/0/0]ip address 172.16.10.1 24
[AR1-GigabitEthernet0/0/0]quit
[AR1]interface GigabitEthernet0/0/1
[AR1-GigabitEthernet0/0/1]ip address 192.168.1.254 24
[AR1-GigabitEthernet0/0/1]quit
```

（2）AR2 的具体命令如下。

```
[AR2]interface GigabitEthernet0/0/0
[AR2-GigabitEthernet0/0/1]ip address 172.16.10.2 24
[AR2-GigabitEthernet0/0/1]quit
[AR2]interface GigabitEthernet0/0/1
[AR2-GigabitEthernet0/0/2]ip address 192.168.2.254 24
[AR2-GigabitEthernet0/0/2]quit
```

4. 在 AR1、AR2 中分别驱动 OSPF

在 AR1、AR2 中分别驱动 OSPF，指定版本号为 1，划分骨干区域和非骨干区域，并根据区域分别宣告本路由器的直连网段。

（1）AR1 的具体命令如下。

```
[AR1]ospf 1
[AR1-ospf-1]area 0
[AR1-ospf-1-area-0.0.0.0]network 172.16.10.0 0.0.0.255
[AR1-ospf-1-area-0.0.0.0]quit
[AR1-ospf-1]area 1
[AR1-ospf-1-area-0.0.0.1]network 192.168.1.0 0.0.0.255
[AR1-ospf-1-area-0.0.0.1]quit
[AR1-ospf-1]quit
```

（2）AR2 的具体命令如下。

```
[AR2]ospf 1
[AR2-ospf-1]area 0
[AR2-ospf-1-area-0.0.0.0]network 172.16.10.0 0.0.0.255
[AR2-ospf-1-area-0.0.0.0]quit
[AR2-ospf-1]area 2
[AR2-ospf-1-area-0.0.0.2]network 192.168.2.0 0.0.0.255
[AR2-ospf-1-area-0.0.0.2]quit
[AR2-ospf-1]quit
```

5. 检查配置结果

上述操作已完成端口 IP 和 OSPF 的配置，此时可通过 display ip routing-table 命令检查 AR1 的路由表信息，具体命令如下。

```
[AR1]display ip routing-table
```

执行此命令后，AR1 的路由表信息如图 5-7 所示。

通过 display ip routing-table 命令检查 AR2 的路由表信息，具体命令如下。

```
[AR2]display ip routing-table
```

执行此命令后，AR2 的路由表信息如图 5-8 所示。

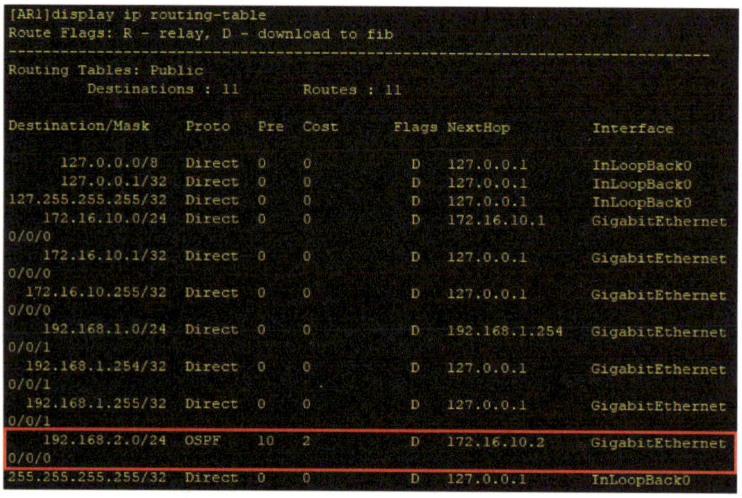

```
[AR1]display ip routing-table
Route Flags: R - relay, D - download to fib
------------------------------------------------------------------------------
Routing Tables: Public
         Destinations : 11       Routes : 11

Destination/Mask    Proto   Pre  Cost      Flags NextHop         Interface

      127.0.0.0/8   Direct  0    0           D   127.0.0.1       InLoopBack0
      127.0.0.1/32  Direct  0    0           D   127.0.0.1       InLoopBack0
127.255.255.255/32  Direct  0    0           D   127.0.0.1       InLoopBack0
    172.16.10.0/24  Direct  0    0           D   172.16.10.1     GigabitEthernet
0/0/0
    172.16.10.1/32  Direct  0    0           D   127.0.0.1       GigabitEthernet
0/0/0
  172.16.10.255/32  Direct  0    0           D   127.0.0.1       GigabitEthernet
0/0/0
    192.168.1.0/24  Direct  0    0           D   192.168.1.254   GigabitEthernet
0/0/1
  192.168.1.254/32  Direct  0    0           D   127.0.0.1       GigabitEthernet
0/0/1
  192.168.1.255/32  Direct  0    0           D   127.0.0.1       GigabitEthernet
0/0/1
    192.168.2.0/24  OSPF    10   2           D   172.16.10.2     GigabitEthernet
0/0/0
255.255.255.255/32  Direct  0    0           D   127.0.0.1       InLoopBack0
```

图 5-7　AR1 的路由表信息

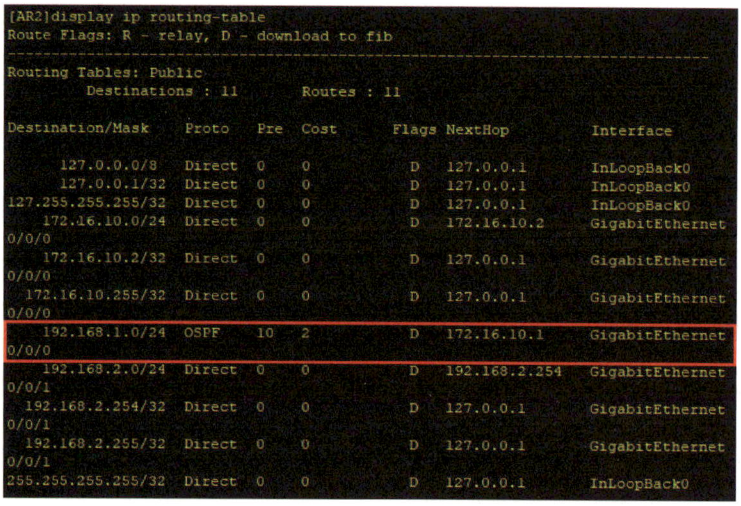

```
[AR2]display ip routing-table
Route Flags: R - relay, D - download to fib
------------------------------------------------------------------------------
Routing Tables: Public
         Destinations : 11       Routes : 11

Destination/Mask    Proto   Pre  Cost      Flags NextHop         Interface

      127.0.0.0/8   Direct  0    0           D   127.0.0.1       InLoopBack0
      127.0.0.1/32  Direct  0    0           D   127.0.0.1       InLoopBack0
127.255.255.255/32  Direct  0    0           D   127.0.0.1       InLoopBack0
    172.16.10.0/24  Direct  0    0           D   172.16.10.2     GigabitEthernet
0/0/0
    172.16.10.2/32  Direct  0    0           D   127.0.0.1       GigabitEthernet
0/0/0
  172.16.10.255/32  Direct  0    0           D   127.0.0.1       GigabitEthernet
0/0/0
    192.168.1.0/24  OSPF    10   2           D   172.16.10.1     GigabitEthernet
0/0/0
    192.168.2.0/24  Direct  0    0           D   192.168.2.254   GigabitEthernet
0/0/1
  192.168.2.254/32  Direct  0    0           D   127.0.0.1       GigabitEthernet
0/0/1
  192.168.2.255/32  Direct  0    0           D   127.0.0.1       GigabitEthernet
0/0/1
255.255.255.255/32  Direct  0    0           D   127.0.0.1       InLoopBack0
```

图 5-8　AR2 的路由表信息

根据 AR1 和 AR2 的路由表信息，除了各自的直连网段外，AR1 没有直连的 192.168.2.0 网段和 AR2 没有直连的 192.168.1.0 网段已经以 OSPF 的方式存在于各自的路由表中，所以各网段之间可以相互通信。

6. 通信测试

使用 PC1 进行测试，使用 Ping 命令检测其与 PC2 的连通性，测试结果如图 5-9 所示。

```
PC>ping 192.168.2.1

Ping 192.168.2.1: 32 data bytes, Press Ctrl_C to break
From 192.168.2.1: bytes=32 seq=1 ttl=126 time=15 ms
From 192.168.2.1: bytes=32 seq=2 ttl=126 time=16 ms
From 192.168.2.1: bytes=32 seq=3 ttl=126 time=16 ms
From 192.168.2.1: bytes=32 seq=4 ttl=126 time=15 ms
From 192.168.2.1: bytes=32 seq=5 ttl=126 time=31 ms

--- 192.168.2.1 ping statistics ---
  5 packet(s) transmitted
  5 packet(s) received
  0.00% packet loss
  round-trip min/avg/max = 15/18/31 ms
```

图 5-9 PC1 和 PC2 的通信测试结果

任务 3 三层交换机的 VLAN 间路由

1. 了解三层交换机的概念。
2. 掌握三层交换机的工作原理，以及配置三层交换机的方法和命令。
3. 实现三层交换机的 VLAN 间路由实验。

随着现代企业网络规模不断扩大和复杂化，传统的二层交换机已无法满足大型局域网内部的高效数据交换需求。在此前提下，三层交换机作为一种结合了交换机和路由器功能的网络设备，应运而生。三层交换机能在数据链路层和网络层之间交换数据包，显著提高网络路由的性能。

一、三层交换机

三层交换机（Layer-3 Switch）是一种现代计算机网络中应用场景极为广泛的网络设备，它工作在开放系统互连参考模型（Open Systems Interconnection Reference Model, OSI-RM）的第三层（网络层），并具有部分路由器功能。它可以根据数据包中的 IP 地址信息做出转发决策，并将数据包直接转发到目标地址，不需要像传统路由器那样进行复杂的路由计算。这种独特的工作方式使三层交换机在处理大量数据时能保持较高的转发效率，提高网络的整体性能。

二、三层交换机的工作原理

三层交换机是一种既有交换功能，又有路由功能的交换机，工作在 OSI 网络标准模型的第三层（网络层），其工作原理包含以下几点。

1. 当接收到数据包时，三层交换机首先查看该数据包的源 MAC 地址，如果是本地的 MAC 地址，就解除此数据包的二层封装，否则将此数据包丢弃。

2. 解除数据包的二层封装后，三层交换机首先检查路由表信息，在路由表中寻找目标地址对应的接口，以及下一跳地址和它们的 MAC 地址，并将它们分别作用于源 MAC 地址和目的 MAC 地址，重新进行二层封装。

3. 如果在路由表中无法获取下一跳 MAC 地址，会进行 ARP 广播，若广播后仍未成功获取 MAC 地址，则直接丢弃此数据包。

三层交换机的工作原理用一句话概括就是“一次路由，多次交换”。以上过程就是“一次路由”，经过“一次路由”后，三层交换机通过查询路由表、MAC 表，已获取了源 IP 地址、目的 IP 地址、源 MAC 地址、目的 MAC 地址，以及出、入接口之间的相互映射信息，也就等同于形成了一个“IP—MAC—接口”的总表，此后三层交换机再接收到相同的数据包时，无须再次通过路由，只需查看总表即可直接进行数据交换，也就是所谓的“多次交换”。

三、三层交换机和二层交换机的区别

三层交换机和二层交换机的区别主要有以下几点。

1. 工作层级不同

二层交换机工作在 OSI 模型中的数据链路层（第二层），三层交换机则工作在 OSI 模型中的网络层（第三层），这意味着二层交换机和三层交换机在网络中扮演的角色和执行的任务均不相同。

2. 工作原理不同

二层交换机在接收到一个数据包时，会优先读取数据包中的源 MAC 地址，再读取数据包中的目的 MAC 地址，并在地址表中寻找对应端口。如果存在对应端口，则直接将此数据包传输到该端口上。三层交换机不仅具备二层交换机的所有功能，在此基础上还增加了路由功能，可以基于 IP 地址转发数据。

3. 核心功能不同

二层交换机基于 MAC 地址访问，只能进行数据传输，且无法配置 IP 地址。三层交换机则集二层交换技术和三层转发功能于一身，可在不同 VLAN 中配置 IP 地址，也可实现不同 VLAN 和网段之间的通信。

4. 应用场景不同

二层交换机一般是作为网络接入节点或汇聚节点，而三层交换机的应用场景主要在网络核心层面，如在大型局域网环境内，使用三层交换机可提升内部数据的交换速度和网络性能。

四、三层交换机的配置命令

三层交换机的相关配置必须在系统视图下完成，创建 VLAN、配置接口模式、端口划分 VLAN 等命令与二层交换机的完全一致，此处不再赘述，下面主要介绍如何在三层交换机中配置 IP 地址。

1. 进入 VLAN 接口配置视图

具体命令如下。

```
interface vlan {vlan 编号 }
```

例如，当需要进入 VLAN 10 的接口配置视图时，命令为：interface vlan 10。

2. 配置 IP 地址和子网掩码

具体命令如下。

```
ip address {IP 地址及子网掩码 }
```

在 VLAN 接口配置视图中配置 IP 地址的方法与配置路由器接口的方法完全一致。例如，为编号为 24 的接口配置 IP 地址和子网掩码，命令为：ip address 192.168.1.254 24。

小提示

需要注意的是，三层交换机配置 IP 地址并不是配置在端口上，而是配置在 VLAN 中。

一、任务描述

本任务要求实现 4 台 PC（PC1、PC2、PC3、PC4）分别处于 192.168.1.0 网段和 172.16.10.0 网段，且分别以 VLAN 10 和 VLAN 20 直连在 2 台二层汇聚交换机上，在二层汇聚交换机中配置对应的 VLAN，并在三层交换机中配置对应的 VLAN 网关，使 4 台 PC 可以直接进行访问。

本任务所需的实验设备主要有：S5700 三层交换机 1 台，S3700 二层交换机 2 台，带有网卡的 PC 4 台，直连网线 6 条，以及电源线若干。

本任务的实验拓扑图如图 5-10 所示。

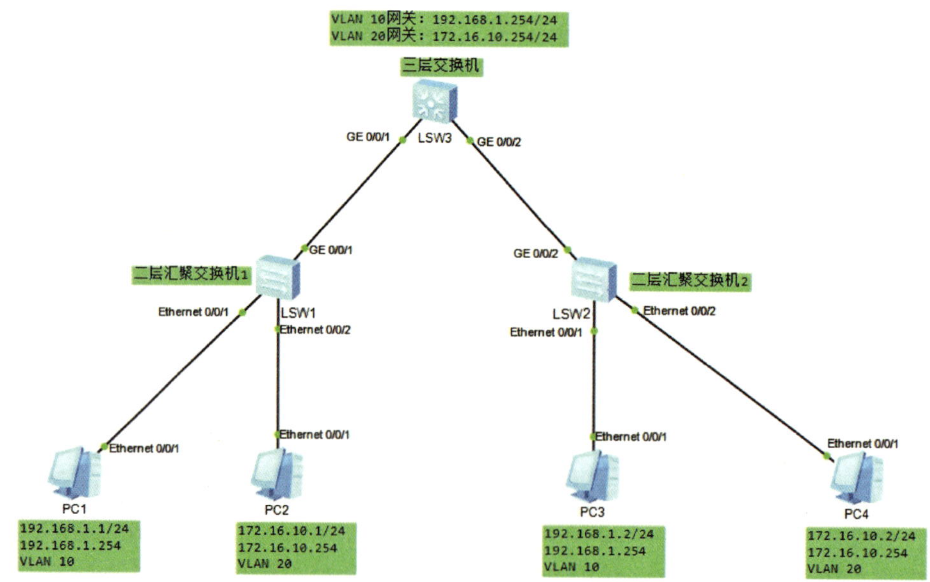

图 5-10　实验拓扑图

二、操作步骤

1. 配置 IP 地址

根据本任务要求，在 4 台 PC 和 3 台交换机的配置界面添加对应的 IP 地址，各端口 IP 信息对应表见表 5-4。

表 5-4　各端口 IP 信息对应表

设备名	端口	IP 地址	子网掩码	默认网关	接口模式
PC1	网卡	192.168.1.1	255.255.255.0	192.168.1.254	—
PC2	网卡	172.16.10.1	255.255.255.0	172.16.10.254	—
PC3	网卡	192.168.1.2	255.255.255.0	192.168.1.254	—
PC4	网卡	172.16.10.2	255.255.255.0	172.16.10.254	—
LSW1	Ethernet0/0/1	—	—	—	Access
	Ethernet0/0/2	—	—	—	Access
	GigabitEthernet0/0/1	—	—	—	Trunk
LSW2	Ethernet0/0/1	—	—	—	Access
	Ethernet0/0/2	—	—	—	Access
	GigabitEthernet0/0/2	—	—	—	Trunk
LSW3	GigabitEthernet0/0/1	—	—	—	Trunk
	GigabitEthernet0/0/2	—	—	—	Trunk
	VLAN 10	192.168.1.254	255.255.255.0	—	—
	VLAN 20	172.16.10.254	255.255.255.0	—	—

2. 进入 LSW1、LSW2、LSW3 系统视图修改名称

（1）LSW1 的具体命令如下。

```
<Huawei>system-view
[Huawei]sysname LSW1
```

（2）LSW2 的具体命令如下。

```
<Huawei>system-view
[Huawei]sysname LSW2
```

（3）LSW3 的具体命令如下。

```
<Huawei>system-view
[Huawei]sysname LSW3
```

3. 在LSW1、LSW2、LSW3中创建VLAN 10、VLAN 20并划分端口

（1）LSW1的具体命令如下。

```
[LSW1]vlan batch 10 20
[LSW1]interface Ethernet0/0/1
[LSW1-Ethernet0/0/1]port link-type access
[LSW1-Ethernet0/0/1]port default vlan 10
[LSW1-Ethernet0/0/1]quit
[LSW1]interface Ethernet0/0/2
[LSW1-Ethernet0/0/2]port link-type access
[LSW1-Ethernet0/0/2]port default vlan 20
[LSW1-Ethernet0/0/2]quit
[LSW1]interface Gigabit Ethernet0/0/1
[LSW1-GigabitEthernet0/0/1]port trunk allow-pass vlan 10 20
[LSW1-GigabitEthernet0/0/1]quit
```

（2）LSW2的具体命令如下。

```
[LSW2]vlan batch 10 20
[LSW2]interface Ethernet0/0/1
[LSW2-Ethernet0/0/1]port link-type access
[LSW2-Ethernet0/0/1]port default vlan 10
[LSW2-Ethernet0/0/1]quit
[LSW2]interface Ethernet0/0/2
[LSW2-Ethernet0/0/2]port link-type access
[LSW2-Ethernet0/0/2]port default vlan 20
[LSW2-Ethernet0/0/2]quit
[LSW2]interface GigabitEthernet0/0/2
[LSW2-GigabitEthernet0/0/2]port link-type trunk
[LSW2-GigabitEthernet0/0/2]port trunk allow-pass vlan 10 20
[LSW2-GigabitEthernet0/0/2]quit
```

（3）LSW3的具体命令如下。

```
[LSW3]vlan batch 10 20
[LSW3]interface GigabitEthernet0/0/1
[LSW3-GigabitEthernet0/0/1]port link-type trunk
[LSW3-GigabitEthernet0/0/1]port trunk allow-pass vlan 10 20
[LSW3-GigabitEthernet0/0/1]quit
[LSW3]interface GigabitEthernet0/0/2
[LSW3-GigabitEthernet0/0/2]port link-type trunk
[LSW3-GigabitEthernet0/0/2]port trunk allow-pass vlan 10 20
[LSW3-GigabitEthernet0/0/2]quit
```

4. 在 LSW3 中配置 VLAN 10 和 VLAN 20 的网关

具体命令如下。

```
[LSW3]interface vlan 10
[LSW3-Vlanif10]ip address 192.168.1.254 24
[LSW3-Vlanif10]quit
[LSW3]interface vlan 20
[LSW3-Vlanif20]ip address 172.16.10.254 24
[LSW3-Vlanif20]quit
```

5. 检查配置结果

上述操作已完成二层 VLAN 和三层 VLAN 间的路由配置，此时可通过 display vlan 命令检查 LSW1 的 VLAN 表信息，具体命令如下。

```
[LSW1] display vlan
```

执行此命令后，LSW1 的 VLAN 表信息如图 5-11 所示。

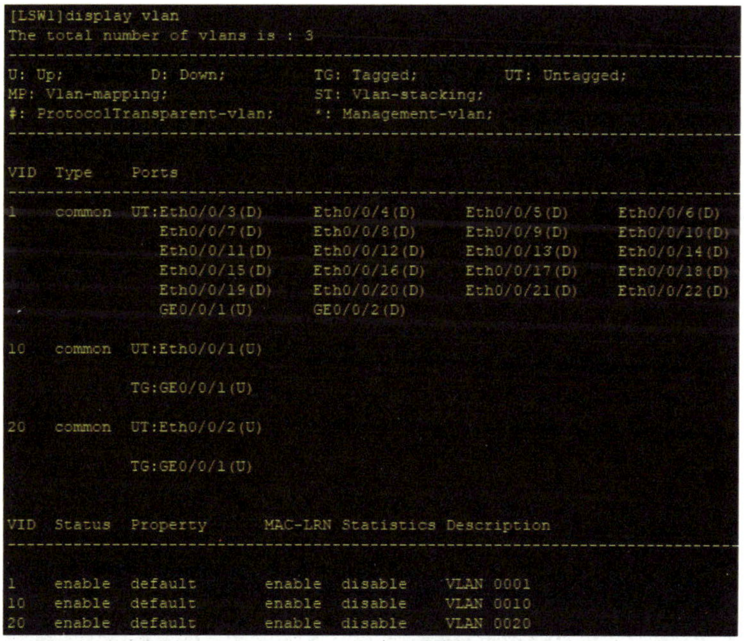

```
[LSW1]display vlan
The total number of vlans is : 3
--------------------------------------------------------------------------------
U: Up;         D: Down;         TG: Tagged;         UT: Untagged;
MP: Vlan-mapping;               ST: Vlan-stacking;
#: ProtocolTransparent-vlan;    *: Management-vlan;
--------------------------------------------------------------------------------

VID  Type    Ports
--------------------------------------------------------------------------------
1    common  UT:Eth0/0/3(D)     Eth0/0/4(D)      Eth0/0/5(D)      Eth0/0/6(D)
                Eth0/0/7(D)     Eth0/0/8(D)      Eth0/0/9(D)      Eth0/0/10(D)
                Eth0/0/11(D)    Eth0/0/12(D)     Eth0/0/13(D)     Eth0/0/14(D)
                Eth0/0/15(D)    Eth0/0/16(D)     Eth0/0/17(D)     Eth0/0/18(D)
                Eth0/0/19(D)    Eth0/0/20(D)     Eth0/0/21(D)     Eth0/0/22(D)
                GE0/0/1(U)      GE0/0/2(D)

10   common  UT:Eth0/0/1(U)

             TG:GE0/0/1(U)

20   common  UT:Eth0/0/2(U)

             TG:GE0/0/1(U)


VID  Status  Property      MAC-LRN Statistics Description
--------------------------------------------------------------------------------

1    enable  default       enable  disable    VLAN 0001
10   enable  default       enable  disable    VLAN 0010
20   enable  default       enable  disable    VLAN 0020
```

图 5-11　LSW1 的 VLAN 表信息

通过 display vlan 命令检查 LSW2 的 VLAN 表信息，具体命令如下。

```
[LSW2] display vlan
```

执行此命令后，LSW2 的 VLAN 表信息如图 5-12 所示。

```
[LSW2]display vlan
The total number of vlans is : 3
--------------------------------------------------------------------------------
U: Up;         D: Down;          TG: Tagged;          UT: Untagged;
MP: Vlan-mapping;                ST: Vlan-stacking;
#: ProtocolTransparent-vlan;     *: Management-vlan;
--------------------------------------------------------------------------------

VID  Type    Ports
--------------------------------------------------------------------------------
1    common  UT:Eth0/0/3(D)      Eth0/0/4(D)      Eth0/0/5(D)      Eth0/0/6(D)
                Eth0/0/7(D)      Eth0/0/8(D)      Eth0/0/9(D)      Eth0/0/10(D)
                Eth0/0/11(D)     Eth0/0/12(D)     Eth0/0/13(D)     Eth0/0/14(D)
                Eth0/0/15(D)     Eth0/0/16(D)     Eth0/0/17(D)     Eth0/0/18(D)
                Eth0/0/19(D)     Eth0/0/20(D)     Eth0/0/21(D)     Eth0/0/22(D)
                GE0/0/1(D)       GE0/0/2(U)

10   common  UT:Eth0/0/1(U)
             TG:GE0/0/2(U)

20   common  UT:Eth0/0/2(U)

             TG:GE0/0/2(U)

VID  Status  Property      MAC-LRN Statistics Description
--------------------------------------------------------------------------------

1    enable  default       enable  disable    VLAN 0001
10   enable  default       enable  disable    VLAN 0010
20   enable  default       enable  disable    VLAN 0020
```

图 5-12　LSW2 的 VLAN 表信息

通过 display vlan 命令检查 LSW3 的 VLAN 表信息，具体命令如下。

```
[LSW3] display vlan
```

执行此命令后，LSW3 的 VLAN 表信息如图 5-13 所示。

```
[LSW3]display vlan
The total number of vlans is : 3
--------------------------------------------------------------------------------
U: Up;         D: Down;          TG: Tagged;          UT: Untagged;
MP: Vlan-mapping;                ST: Vlan-stacking;
#: ProtocolTransparent-vlan;     *: Management-vlan;
--------------------------------------------------------------------------------

VID  Type    Ports
--------------------------------------------------------------------------------
1    common  UT:GE0/0/1(U)       GE0/0/2(U)       GE0/0/3(D)       GE0/0/4(D)
                GE0/0/5(D)       GE0/0/6(D)       GE0/0/7(D)       GE0/0/8(D)
                GE0/0/9(D)       GE0/0/10(D)      GE0/0/11(D)      GE0/0/12(D)
                GE0/0/13(D)      GE0/0/14(D)      GE0/0/15(D)      GE0/0/16(D)
                GE0/0/17(D)      GE0/0/18(D)      GE0/0/19(D)      GE0/0/20(D)
                GE0/0/21(D)      GE0/0/22(D)      GE0/0/23(D)      GE0/0/24(D)

10   common  TG:GE0/0/1(U)       GE0/0/2(U)

20   common  TG:GE0/0/1(U)       GE0/0/2(U)

VID  Status  Property      MAC-LRN Statistics Description
--------------------------------------------------------------------------------

1    enable  default       enable  disable    VLAN 0001
10   enable  default       enable  disable    VLAN 0010
20   enable  default       enable  disable    VLAN 0020
```

图 5-13　LSW3 的 VLAN 表信息

可见，3 台交换机的 VLAN 表信息中分别包含了 VLAN 10 和 VLAN 20，在 LSW1 和 LSW2 中，连接 PC 的 Ethernet0/0/1 和 Ethernet0/0/2 端口均为 Access 模式，它们属于不同的 VLAN；连接 LSW3 的 GigabitEthernet0/0/1 和 GigabitEthernet0/0/2 端口均为 Trunk 模式，它们同时允许 VLAN 10 和 VLAN 20 通过。在 LSW3 中，与 LSW1 和 LSW2 连接的 GigabitEthernet0/0/1 和 GigabitEthernet0/0/2 端口均为 Trunk 模式，它们同时允许 VLAN 10 和 VLAN 20 通过。

此时，可通过 display current-configuration 命令查看 LSW3 的全局信息，如图 5-14 所示，以检查 VLAN 和端口的配置情况，具体命令如下。

```
[LSW3]display current-configuration
```

```
interface Vlanif10
 ip address 192.168.1.254 255.255.255.0
#
interface Vlanif20
 ip address 172.16.10.254 255.255.255.0
#
interface MEth0/0/1
#
interface GigabitEthernet0/0/1
 port link-type trunk
 port trunk allow-pass vlan 10 20
#
interface GigabitEthernet0/0/2
 port link-type trunk
 port trunk allow-pass vlan 10 20
```

图 5-14　LSW3 的全局信息

6. 通信测试

使用 PC1 进行测试，使用 Ping 命令检测其与 PC2、PC3、PC4 的连通性，测试结果如图 5-15 至图 5-17 所示。

```
PC>ping 172.16.10.1

Ping 172.16.10.1: 32 data bytes, Press Ctrl_C to break
From 172.16.10.1: bytes=32 seq=1 ttl=127 time=125 ms
From 172.16.10.1: bytes=32 seq=2 ttl=127 time=79 ms
From 172.16.10.1: bytes=32 seq=3 ttl=127 time=78 ms
From 172.16.10.1: bytes=32 seq=4 ttl=127 time=62 ms
From 172.16.10.1: bytes=32 seq=5 ttl=127 time=78 ms

--- 172.16.10.1 ping statistics ---
  5 packet(s) transmitted
  5 packet(s) received
  0.00% packet loss
  round-trip min/avg/max = 62/84/125 ms
```

图 5-15　PC1 和 PC2 的通信测试结果

```
PC>ping 192.168.1.2

Ping 192.168.1.2: 32 data bytes, Press Ctrl_C to break
From 192.168.1.2: bytes=32 seq=1 ttl=128 time=78 ms
From 192.168.1.2: bytes=32 seq=2 ttl=128 time=94 ms
From 192.168.1.2: bytes=32 seq=3 ttl=128 time=78 ms
From 192.168.1.2: bytes=32 seq=4 ttl=128 time=78 ms
From 192.168.1.2: bytes=32 seq=5 ttl=128 time=94 ms

--- 192.168.1.2 ping statistics ---
  5 packet(s) transmitted
  5 packet(s) received
  0.00% packet loss
  round-trip min/avg/max = 78/84/94 ms
```

图 5-16 PC1 和 PC3 的通信测试结果

```
PC>ping 172.16.10.2

Ping 172.16.10.2: 32 data bytes, Press Ctrl_C to break
From 172.16.10.2: bytes=32 seq=1 ttl=127 time=125 ms
From 172.16.10.2: bytes=32 seq=2 ttl=127 time=78 ms
From 172.16.10.2: bytes=32 seq=3 ttl=127 time=47 ms
From 172.16.10.2: bytes=32 seq=4 ttl=127 time=78 ms
From 172.16.10.2: bytes=32 seq=5 ttl=127 time=94 ms

--- 172.16.10.2 ping statistics ---
  5 packet(s) transmitted
  5 packet(s) received
  0.00% packet loss
  round-trip min/avg/max = 47/84/125 ms
```

图 5-17 PC1 和 PC4 的通信测试结果

项目六
访问控制列表

任务 1　基本访问控制列表

1. 了解基本访问控制列表的概念、特点和工作原理。
2. 掌握配置基本访问控制列表的方法和命令。
3. 实现基本访问控制列表的配置。

企业内部包含各种不同职能的部门，可能存在 A 部门和 B 部门之间需要相互通信或数据共享，但是 C 部门的业务涉密，决不允许和其余部门通信的情况。为了实现诸如此类的需求，可使用访问控制列表。通过指定策略和规则，访问控制列表可以自行决定网络中的不同网段可否正常通信。

一、访问控制列表的概念

访问控制列表（Access Control List，ACL）是一种基于包过滤的访问控制技术，它

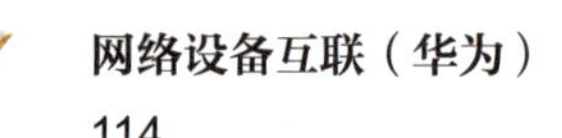

可以根据预先设定的规则过滤端口上的数据包，允许或拒绝其通过。ACL 在路由器和三层交换机中应用非常广泛，借助 ACL，可以有效地控制用户在网络中的访问行为，最大限度地保护网络安全。

二、访问控制列表的功能

ACL 的功能包括限制网络中的流量以提高网络性能，对通信流量提供控制手段，对网络访问提供安全手段，以及决定路由器或交换机的端口允许或拒绝某种类型的流量通过。

小提示

例如，用户要求只能使用万维网（World Wide Web，WWW）功能，通过配置 ACL 后，此设备就只允许 WWW 数据流量通过，并拒绝其余所有通信流量。

三、访问控制列表的工作原理

1. 数据包检测

当数据包经过端口时，若此端口启用了 ACL，该设备将会对数据包进行检测，检测内容包括数据包的源地址、目标地址和端口号等特定信息。

2. 规则匹配

（1）ACL 由一系列允许（Permit）和拒绝（Deny）策略组成，这些策略定义了匹配规则和相应处理动作。

（2）在匹配规则中，可制定匹配数据包的特定属性（如源地址、目标地址、端口号和协议类型等）。

（3）匹配规则存在顺序，按照规则 ID 从小到大排序，依次执行。

（4）当数据包与某条 ACL 策略匹配时，将会忽视剩余的其他策略，并根据该条匹配策略的内容决定允许或拒绝该数据包。

3. 决策处理

（1）若数据包匹配 ACL 中的 Permit 策略，设备会查询路由表，查看数据包的目标端口，并将数据包转发到对应的目标端口。

（2）若数据包匹配 ACL 中的 Deny 策略，或没有与任何 ACL 策略匹配，设备会直接丢弃该数据包。

四、基本访问控制列表的特点

基本访问控制列表（Basic Access Control List，简称基本 ACL）也被称为标准 ACL 或标准访问控制列表，其特点如下。

1. 基于源地址过滤

基本 ACL 根据数据包的源地址进行匹配和过滤，允许或拒绝特定源地址的数据包通过端口。

2. 配置相对简单

相较于其他类型的 ACL（如扩展 ACL），基本 ACL 的结构相对简单，只根据数据包的源地址进行匹配，不涉及其余属性。

3. 应用位置固定

基本 ACL 通常应用在靠近目标地址的端口，以便在数据包到达目的地之前进行过滤。因为基本 ACL 只根据源地址进行过滤，所以放在靠近目标地址的端口可以更好地控制进入目的网络的数据流。

4. 配置较为方便

基本 ACL 的配置相对简单，只需要指定其编号（在华为设备中，基本 ACL 的编号范围为 2 000 ~ 2 999）、允许或拒绝的策略，以及源地址范围即可。

5. 存在限制性

因为基本 ACL 只根据源地址进行过滤，所以其应用场景存在一定限制，在需要基于更多条件（如目标地址、端口号、协议类型等）进行过滤的情况下，基本 ACL 无法满足需求。

6. 性能影响较小

因为基本 ACL 只根据源地址进行过滤，所以其处理速度较快，对设备性能的影响较小。但是在大型网络或高流量的环境下，过多的 ACL 规则仍会对设备性能造成一定影响。

7. 隐式拒绝

若没有明确允许某个源地址的数据包通过，在默认情况下，此数据包将被拦截，这是所有 ACL 的共同点，基本 ACL 由于其结构简单，此特点更加突出。

五、基本访问控制列表的配置命令

基本 ACL 的相关配置必须在系统视图下完成，具体如下。

1. 执行基本 ACL 进程并进入 ACL 视图

具体命令如下。

```
acl {acl 编号}
```

例如，当 ACL 编号为 2000 时，命令为：acl 2000。

2. 指定 ACL 中的策略

具体命令如下。

```
rule {允许或拒绝} source {网络地址} {反掩码}
```

例如，当拒绝源地址为 192.168.1.1/24 的数据包通过时，命令为：rule deny source 192.168.1.0 0.0.0.255。

小提示

需要注意的是，在配置 ACL 策略中的网络地址时，和配置 OSPF 类似，都需要配置反向子网掩码。

3. 设置端口应用方向和调用 ACL

具体命令如下。

```
traffic-filter {端口应用方向（in 或 out）} acl {acl 编号}
```

例如，当应用在端口输入方向时，命令为：traffic-filter inbound acl 2000。

一、任务描述

本任务要求实现 PC1 与 PC2、PC3 之间通过 2 台路由器进行连接，所有路由器的端口上均配置了对应 IP 地址。使用基本 ACL，使 PC1 作为总管设备，可以访问其余所有设备，PC3 允许 PC1 访问，但禁止 PC2 访问。

本任务所需的实验设备主要有：AR2220 路由器 2 台，带有网卡的 PC 3 台，直连网线 4 条，以及电源线若干。

本任务的实验拓扑图如图 6-1 所示。

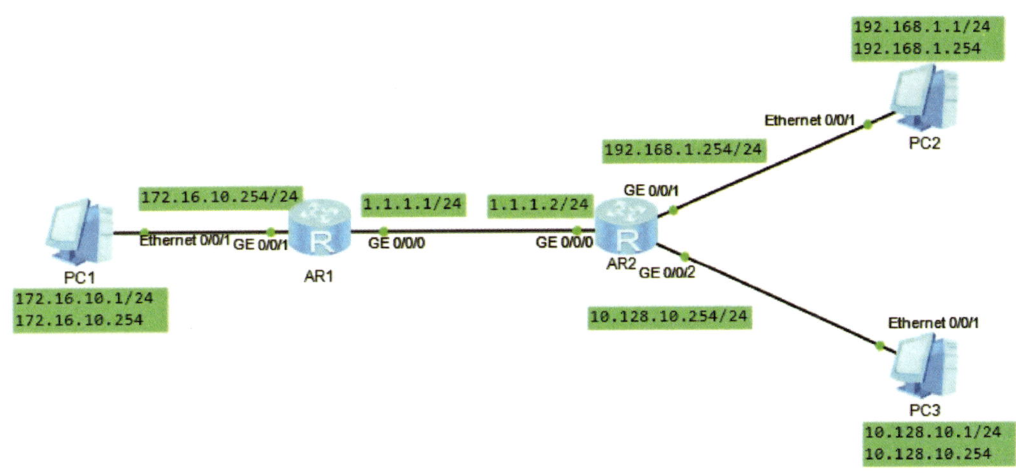

图 6-1　实验拓扑图

二、操作步骤

1. 配置 IP 地址

根据本任务要求，在 3 台 PC 和 2 台路由器的配置界面添加对应的 IP 地址，各端口 IP 信息对应表见表 6-1。

表 6-1　各端口 IP 信息对应表

设备名	端口	IP 地址	子网掩码	默认网关
PC1	网卡	172.16.10.1	255.255.255.0	172.16.10.254
PC2	网卡	192.168.1.1	255.255.255.0	192.168.1.254
PC3	网卡	10.128.10.1	255.255.255.0	10.128.10.254
AR1	GigabitEthernet0/0/0	1.1.1.1	255.255.255.0	—
	GigabitEthernet0/0/1	172.16.10.254	255.255.255.0	—
AR2	GigabitEthernet0/0/0	1.1.1.2	255.255.255.0	—
	GigabitEthernet0/0/1	192.168.1.254	255.255.255.0	—
	GigabitEthernet0/0/2	10.128.10.254	255.255.255.0	—

2. 进入 AR1、AR2 系统视图修改名称

（1）AR1 的具体命令如下。

```
<Huawei>system-view
[Huawei]sysname AR1
```

（2）AR2 的具体命令如下。

```
<Huawei>system-view
[Huawei]sysname AR2
```

3. 在 AR1、AR2 中配置对应 IP 地址和默认路由

（1）AR1 的具体命令如下。

```
[AR1]interface GigabitEthernet0/0/0
[AR1-GigabitEthernet0/0/0]ip address 1.1.1.1 24
[AR1-GigabitEthernet0/0/0]quit
[AR1]interface GigabitEthernet0/0/1
[AR1-GigabitEthernet0/0/1]ip address 172.16.10.254 24
[AR1-GigabitEthernet0/0/1]quit
[AR1]ip route-static 0.0.0.0 0 1.1.1.2
```

（2）AR2 的具体命令如下。

```
[AR2]interface GigabitEthernet0/0/0
[AR2-GigabitEthernet0/0/0]ip address 1.1.1.2 24
[AR2-GigabitEthernet0/0/0]quit
[AR2]interface GigabitEthernet0/0/1
[AR2-GigabitEthernet0/0/1]ip address 192.168.1.254 24
[AR2-GigabitEthernet0/0/1]quit
[AR2]interface GigabitEthernet0/0/2
[AR2-GigabitEthernet0/0/2]ip address 10.128.10.254 24
[AR2-GigabitEthernet0/0/2]quit
[AR2]ip route-static 0.0.0.0 0 1.1.1.1
```

4. 在 AR2 中配置基本 ACL

在 AR2 中创建编号为 2000 的基本 ACL，添加拒绝源地址为 192.168.1.0 网段的策略，并设置该基本 ACL 以出方向（Outbound）应用于 AR2 的 GigabitEthernet0/0/2 端口上，具体命令如下。

```
[AR2]acl 2000
[AR2-acl-basic-2000]rule deny source 192.168.1.0 0.0.0.255
[AR2-acl-basic-2000]quit
[AR2]interface GigabitEthernet0/0/2
[AR2-GigabitEthernet0/0/2]traffic-filter outbound acl 2000
[AR2-GigabitEthernet0/0/2]quit
```

小提示

若要判断基本 ACL 的应用方向是出方向（Outbound）还是入方向（Inbound），只需要将配置 ACL 的设备（路由器或三层交换机）端口作为参考点，模拟一下数据包的走向，即可得出结论。

例如，在本任务中，基本 ACL 配置在 AR2 的 GigabitEthernet0/0/2 端口上，当源地址为 192.168.1.0 的数据包经过时，GigabitEthernet0/0/2 端口必然是在出方向上对其进行限制。

5. 检查配置结果

上述操作已完成基本 ACL 的配置，此时可通过 display current-configuration 命令查看 AR2 的全局信息，具体命令如下。

```
[AR2]display current-configuration
```

执行此命令后，AR2 的全局信息如图 6-2 所示。

```
[AR2]display current-configuration
[V200R003C00]
#
 sysname AR2
#
 snmp-agent local-engineid 800007DB03000000000000
 snmp-agent
#
 clock timezone China-Standard-Time minus 08:00:00
#
portal local-server load portalpage.zip
#
 drop illegal-mac alarm
#
 undo info-center enable
#
 set cpu-usage threshold 80 restore 75
#
acl number 2000
 rule 5 deny source 192.168.1.0 0.0.0.255
#
aaa
 authentication-scheme default
 authorization-scheme default
 accounting-scheme default
 domain default
 domain default_admin
 local-user admin password cipher %$%$K8m.Nt84DZ}e#<0`8bmE3Uw}%$%$
 local-user admin service-type http
#
firewall zone Local
 priority 15
#
interface GigabitEthernet0/0/0
 ip address 1.1.1.2 255.255.255.0
#
interface GigabitEthernet0/0/1
 ip address 192.168.1.254 255.255.255.0
#
interface GigabitEthernet0/0/2
 ip address 10.128.10.254 255.255.255.0
 traffic-filter outbound acl 2000
#
interface NULL0
#
ip route-static 0.0.0.0 0.0.0.0 1.1.1.1
```

图 6-2　AR2 的全局信息

可见，AR2中已出现编号为2000的基本ACL，并添加拒绝源地址为192.168.1.0网段的策略。ACL 2000以出方向应用于AR2的GigabitEthernet0/0/2端口上。

6．通信测试

（1）使用PC1进行测试，使用Ping命令检测其与PC2、PC3的连通性，测试结果如图6-3、图6-4所示。

```
PC>ping 192.168.1.1

Ping 192.168.1.1: 32 data bytes, Press Ctrl_C to break
From 192.168.1.1: bytes=32 seq=1 ttl=126 time=15 ms
From 192.168.1.1: bytes=32 seq=2 ttl=126 time=16 ms
From 192.168.1.1: bytes=32 seq=3 ttl=126 time=31 ms
From 192.168.1.1: bytes=32 seq=4 ttl=126 time=16 ms
From 192.168.1.1: bytes=32 seq=5 ttl=126 time=16 ms

--- 192.168.1.1 ping statistics ---
  5 packet(s) transmitted
  5 packet(s) received
  0.00% packet loss
  round-trip min/avg/max = 15/18/31 ms
```

图6-3　PC1和PC2的通信测试结果

```
PC>ping 10.128.10.1

Ping 10.128.10.1: 32 data bytes, Press Ctrl_C to break
From 10.128.10.1: bytes=32 seq=1 ttl=126 time=15 ms
From 10.128.10.1: bytes=32 seq=2 ttl=126 time=16 ms
From 10.128.10.1: bytes=32 seq=3 ttl=126 time=31 ms
From 10.128.10.1: bytes=32 seq=4 ttl=126 time=16 ms
From 10.128.10.1: bytes=32 seq=5 ttl=126 time=16 ms

--- 10.128.10.1 ping statistics ---
  5 packet(s) transmitted
  5 packet(s) received
  0.00% packet loss
  round-trip min/avg/max = 15/18/31 ms
```

图6-4　PC1和PC3的通信测试结果

（2）使用PC2进行测试，使用Ping命令检测其与PC3的连通性，测试结果如图6-5所示。

```
PC>ping 10.128.10.1

Ping 10.128.10.1: 32 data bytes, Press Ctrl_C to break
Request timeout!
Request timeout!
Request timeout!
Request timeout!
Request timeout!

--- 10.128.10.1 ping statistics ---
  5 packet(s) transmitted
  0 packet(s) received
  100.00% packet loss
```

图6-5　PC2和PC3的通信测试结果

可见，PC1可以正常访问PC2和PC3，经过配置基本ACL后，PC2已无法与PC3正常通信。

任务 2　扩展访问控制列表

1. 了解扩展访问控制列表的概念、特点和工作原理。
2. 掌握配置扩展访问控制列表的方法和命令。
3. 实现扩展访问控制列表的配置。

随着网络环境不断复杂化，基本访问控制列表逐渐无法满足企业内部更细致的需求。当出现限制某个部门的设备对特定服务器的访问，允许或拒绝某种类型的数据流等需要更精细的网络流量控制的需求时，就需要使用扩展访问控制列表。

一、扩展访问控制列表的概念

扩展访问控制列表（Extended Access Control List，简称扩展 ACL）与基本 ACL 一样，也是在网络安全技术中用于过滤网络流量的重要工具。与基本 ACL 相比，扩展 ACL 提供了更多、更详细的匹配条件，可基于源地址、目标地址、端口号、协议类型等多个条件进行更精确的数据包过滤，提供更好的安全技术保障。

二、扩展访问控制列表的特点

1. 精细流量控制

扩展 ACL 可基于源地址、目标地址、端口号、协议类型等多个条件来定制规则，对网络流量的控制更为精细。此特点可有效地允许或阻止特定类型的数据包在网络中传输，满足更复杂的网络访问控制需求。

2. 安全性高

扩展 ACL 可以有效限制针对敏感资源的访问，可阻断未经授权的访问，避免数据泄露。此外，扩展 ACL 还可用于阻止恶意访问，如拒绝未知 IP 地址的数据包，或阻止特定类型的攻击行为。

3. 策略统一

在大型企业网络中，隶属于不同部门或不同职务的设备大概率存在不同的网络访问需求，通过配置扩展 ACL，可根据实际情况自定义需要的访问策略，确保网络访问策略的统一性和准确性。

4. 网络性能优化

扩展 ACL 可限制不必要的网络流量，满足优化网络性能的需求。如扩展 ACL 可通过设置规则阻止非关键应用程序或未知程序的服务和流量，提升网络带宽和服务器资源的利用率，以提高网络的整体性能。

5. 编号范围连续

在华为设备中，扩展 ACL 的编号范围与基本 ACL 的编号范围是连续的，扩展 ACL 的编号范围为 3000 ~ 3999。

6. 应用位置固定

扩展 ACL 的应用位置与基本 ACL 类似，均为交换机或路由器的端口处。

7. 存在优先级

当配置多条扩展 ACL 时，需要考虑各扩展 ACL 的优先级。交换机或路由器会根据顺序对其依次进行匹配，一旦成功匹配某条策略，就会直接执行此策略的内容并停止匹配动作。

三、扩展访问控制列表的配置命令

扩展 ACL 的相关配置必须在系统视图下完成。

1. 执行扩展 ACL 进程并进入 ACL 视图

具体命令如下。

```
acl {acl 编号}
```

例如，当 ACL 编号为 3000 时，命令为：acl 3000。

2. 指定 ACL 中的策略

具体命令如下。

```
rule {允许或拒绝}{协议}{源地址}{反掩码}{目标地址}{反掩码}{端口号}
```

例如，当拒绝地址 192.168.1.0 以 TCP 协议和 80 端口访问地址 192.168.3.0 时，命令为：rule deny tcp source 192.168.1.0 0.0.0.255 destination 192.168.1.0 0.0.0.255 destination-port eq 80。

3. 设置端口应用方向和调用 ACL

具体命令如下。

```
traffic-filter {端口应用方向(in或out)} acl {acl编号}
```

例如，当应用在端口入方向时，命令为：traffic-filter inbound acl 3000。

一、任务描述

本任务要求实现客户端 Client1、Client2 和服务器 Server1 之间通过 2 台路由器进行连接，所有路由器的端口上均配置对应 IP 地址。Server1 是服务器，开启 HTTP 和 FTP 功能。使用扩展 ACL，使 Client1 可通过 HTTP 访问 Server1，但不可通过 FTP 访问，Client2 则可同时通过 HTTP 和 FTP 访问 Server1。

本任务所需的实验设备主要有：AR2220 路由器 2 台，带有网卡的 Client 2 台，带有网卡的 Server 1 台，直连网线 4 条，以及电源线若干。

本任务的实验拓扑图如图 6-6 所示。

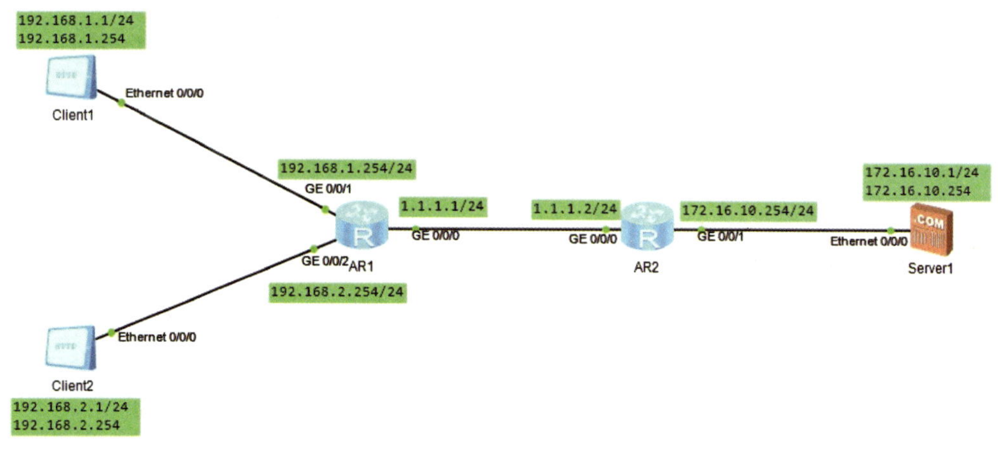

图 6-6　实验拓扑图

二、操作步骤

1. 配置 IP 地址

根据本任务要求，在 2 台客户端、1 台服务器和 2 台路由器的配置界面添加对应的 IP 地址，各端口 IP 信息对应表见表 6-2。

表 6-2　各端口 IP 信息对应表

设备名	端口	IP 地址	子网掩码	默认网关
Client1	网卡	192.168.1.1	255.255.255.0	192.168.1.254
Client2	网卡	192.168.2.1	255.255.255.0	192.168.2.254
Server1	网卡	172.16.10.1	255.255.255.0	172.16.10.254
AR1	GigabitEthernet0/0/0	1.1.1.1	255.255.255.0	—
	GigabitEthernet0/0/1	192.168.1.254	255.255.255.0	—
	GigabitEthernet0/0/2	192.168.2.254	255.255.255.0	—
AR2	GigabitEthernet0/0/0	1.1.1.2	255.255.255.0	—
	GigabitEthernet0/0/1	172.16.10.254	255.255.255.0	—

2. 在 Server1 中启动 HTTP 和 FTP 服务

在 Server1 的“服务器信息”选项卡的“配置”模块设置“文件根目录”，并启动 HTTP 服务和 FTP 服务，启动服务界面如图 6-7、图 6-8 所示。

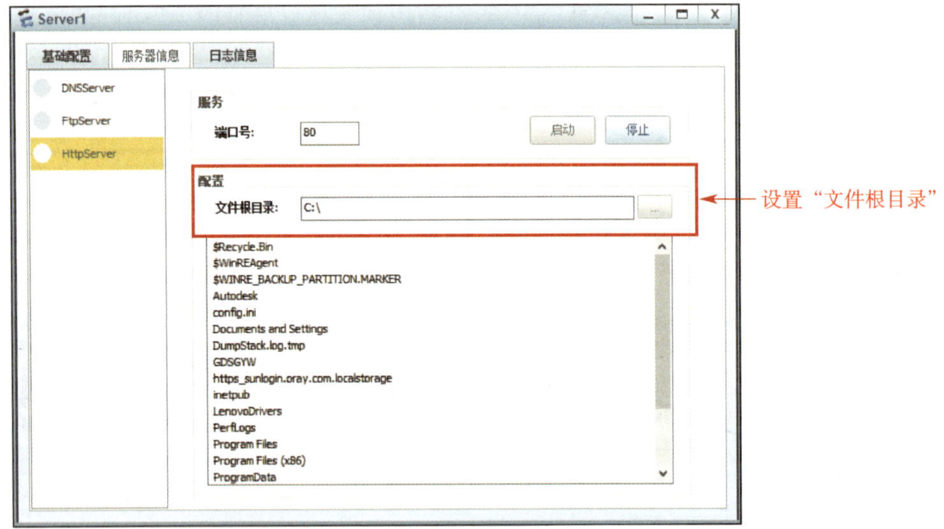

图 6-7　启动 HTTP 服务界面

3. 进入 AR1、AR2 系统视图修改名称

（1）AR1 的具体命令如下。

```
<Huawei>system-view
[Huawei]sysname AR1
```

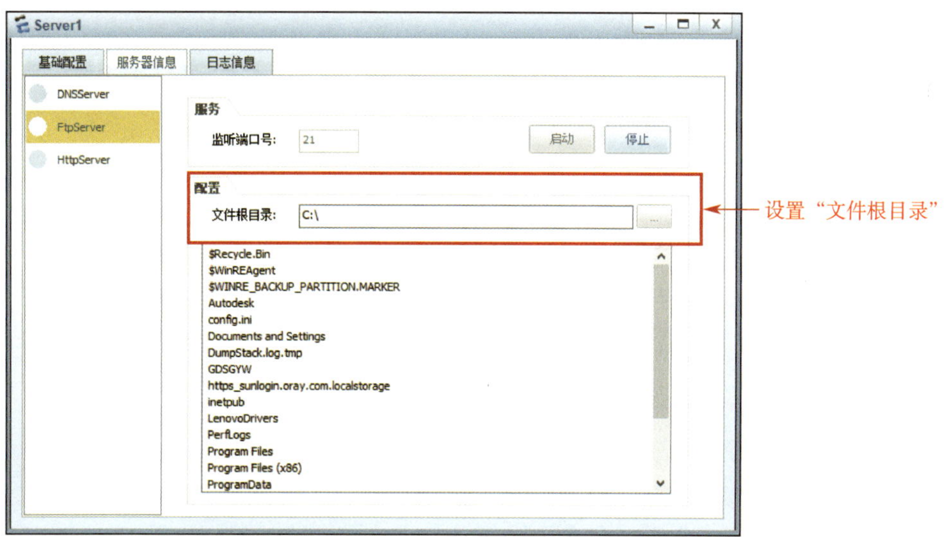

图 6-8　启动 FTP 服务界面

（2）AR2 的具体命令如下。

```
<Huawei>system-view
[Huawei]sysname AR2
```

4. 在 AR1、AR2 中配置对应 IP 地址和默认路由

（1）AR1 的具体命令如下。

```
[AR1]interface GigabitEthernet0/0/0
[AR1-GigabitEthernet0/0/0]ip address 1.1.1.1 24
[AR1-GigabitEthernet0/0/0]quit
[AR1]interface GigabitEthernet0/0/1
[AR1-GigabitEthernet0/0/1]ip address 192.168.1.254 24
[AR1-GigabitEthernet0/0/1]quit
[AR1]interface GigabitEthernet0/0/2
[AR1-GigabitEthernet0/0/2]ip address 192.168.2.254 24
[AR1-GigabitEthernet0/0/2]quit
[AR1]ip route-static 0.0.0.0 0 1.1.1.2
```

（2）AR2 的具体命令如下。

```
[AR2]interface GigabitEthernet0/0/0
[AR2-GigabitEthernet0/0/0]ip address 1.1.1.2 24
[AR2-GigabitEthernet0/0/0]quit
[AR2]interface GigabitEthernet0/0/1
```

```
[AR2-GigabitEthernet0/0/1]ip address 172.16.10.254 24
[AR2-GigabitEthernet0/0/1]quit
[AR2]ip route-static 0.0.0.0 0 1.1.1.1
```

5. 在 AR2 中配置扩展 ACL

在 AR2 中创建编号为 3000 的扩展 ACL，添加以 TCP 协议拒绝地址 192.168.1.0 和 21 端口访问地址 172.16.10.0，以及以 TCP 协议允许地址 192.168.1.0 和 80 端口访问地址 172.16.10.0 两条策略，并设置该扩展 ACL 以出方向应用于 GigabitEthernet0/0/1 端口上，具体命令如下。

```
[AR2]acl 3000
[AR2-acl-adv-3000]rule deny tcp source 192.168.1.0 0.0.0.255 destination 172.16.10.0 0.0.0.255 destination-port eq 21
[AR2-acl-adv-3000]rule permit tcp source 192.168.1.0 0.0.0.255 destination 172.16.10.0 0.0.0.255 destination-port eq 80
[AR2-acl-adv-3000]quit
[AR2]interface GigabitEthernet0/0/1
[AR2-GigabitEthernet0/0/1]traffic-filter outbound acl 3000
[AR2-GigabitEthernet0/0/1]quit
```

6. 检查配置结果

上述操作已完成扩展 ACL 的配置，此时可通过 display current-configuration 命令查看 AR2 的全局信息，具体命令如下。

```
[AR2]display current-configuration
```

执行此命令后，AR2 的全局信息如图 6-9 所示。

可见，在编号为 3000 的扩展 ACL 里，分别存在允许和拒绝的两条策略，顺序匹配生效，ACL 3000 以出方向应用于 AR2 的 GigabitEthernet0/0/1 端口上。

小提示

需要注意的是，由于 80 端口和 21 端口分别是默认的 HTTP（WWW）协议和 FTP 协议，所以在全局信息中会显示为“eq www”和“eq ftp”。

```
[AR2]display current-configuration
[V200R003C00]
#
 sysname AR2
#
 snmp-agent local-engineid 800007DB03000000000000
 snmp-agent
#
 clock timezone China-Standard-Time minus 08:00:00
#
portal local-server load portalpage.zip
#
 drop illegal-mac alarm
#
 undo info-center enable
#
 set cpu-usage threshold 80 restore 75
#
acl number 3000
 rule 5 deny tcp source 192.168.1.0 0.0.0.255 destination 172.16.10.0 0.0.0.255
destination-port eq ftp
 rule 10 permit tcp source 192.168.1.0 0.0.0.255 destination 172.16.10.0 0.0.0.2
55 destination-port eq www
#
aaa
 authentication-scheme default
 authorization-scheme default
 accounting-scheme default
 domain default
 domain default_admin
 local-user admin password cipher %$%$K8m.Nt84DZ}e#<0`8bmE3Uw}%$%$
 local-user admin service-type http
#
firewall zone Local
 priority 15
#
interface GigabitEthernet0/0/0
 ip address 1.1.1.2 255.255.255.0
#
interface GigabitEthernet0/0/1
 ip address 172.16.10.254 255.255.255.0
 traffic-filter outbound acl 3000
#
interface GigabitEthernet0/0/2
#
interface NULL0
#
ip route-static 0.0.0.0 0.0.0.0 1.1.1.1
#
user-interface con 0
 authentication-mode password
user-interface vty 0 4
user-interface vty 16 20
#
wlan ac
#
return
```

图 6-9　AR2 的全局信息

7. 通信测试

（1）使用 Client1 和 Client2“客户端信息”选项卡中的“HttpClient”模块对 Server1 进行 HTTP 访问测试，测试结果如图 6-10、图 6-11 所示。

（2）使用 Client1 和 Client2“客户端信息”选项卡中的“FtpClient”模块对 Server1 进行 FTP 访问测试，测试结果如图 6-12、图 6-13 所示。

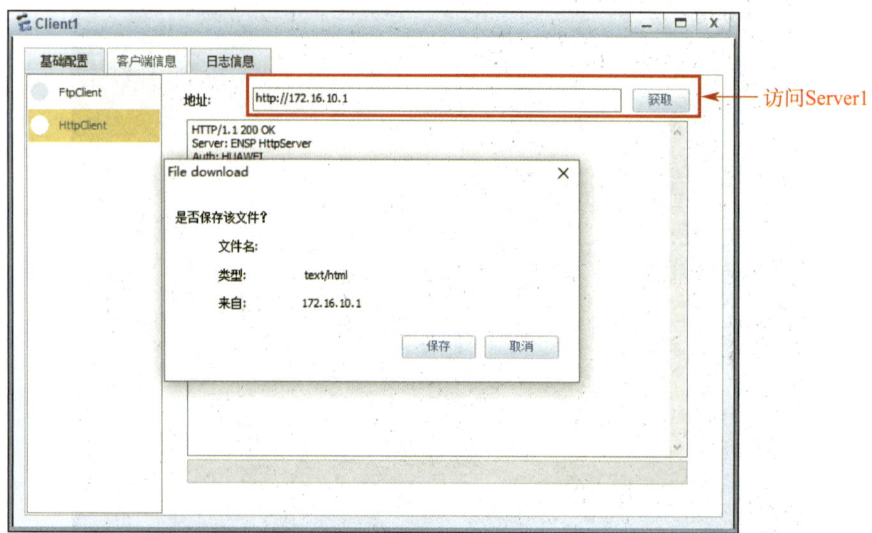

图 6-10　Client1 和 Server1 的 HTTP 通信测试结果

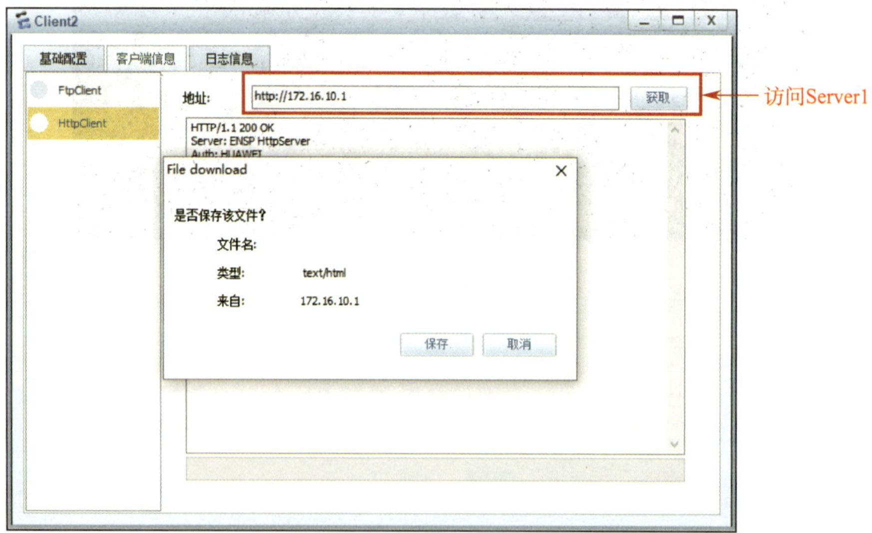

图 6-11　Client2 和 Server1 的 HTTP 通信测试结果

图 6-12　Client1 和 Server1 的 FTP 通信测试结果

图 6-13　Client2 和 Server1 的 FTP 通信测试结果

任务 3　基于时间的访问控制列表

1. 了解基于时间的访问控制列表的概念、特点和时间段。
2. 掌握配置基于时间的访问控制列表的方法和命令。
3. 实现基于时间的访问控制列表的配置。

网络访问控制已成为保障企业信息安全和提高工作效率的必要手段，在企业的日常网络运维中，通常需要根据员工的工作时间段和业务需求对网络资源进行访问控制。传统的访问控制方法是无法满足此类需求的，在这种背景下，就需要使用基于时间的访问控制列表。

一、基于时间的访问控制列表

基于时间的访问控制列表（Time-Based Access Control List，简称 TBACL）是一种特殊的 ACL，属于高级网络访问控制技术。TBACL 允许网络工程师根据时间段定义网络访问规则，通过配置策略，精确控制员工在特定时间段内对网络资源的访问权限，大大提高网络的安全性和使用效率。

二、基于时间的访问控制列表的特点

1. 时间段精确

TBACL 可以根据时间段定义网络访问规则，使访问控制更加灵活和精确。网络工程师可以定义具体的时间段（如工作日、周末等），以限制或允许网络访问。

2. 安全性高

TBACL 通过限制非工作时间段或特定时间段的网络访问，减少潜在的网络安全威胁。在需要高安全性的时间段（如工作日），TBACL 可限制对外部资源的访问，以防员工访问不安全的地址。

3. 网络资源利用率高

在非工作时间段，TBACL 可允许员工自由访问互联网，以充分利用互联网资源。而在工作时间段，TBACL 则可以限制某些网络访问（如网页浏览、大批量文件下载等）。

4. 配置灵活

TBACL 允许使用多种时间定义方式，如绝对时间（具体的年、月、日和时刻）、周期性时间（一周中特定的天数和时间段）。网络工程师可根据实际需求随时修改或扩展现有的时间访问控制规则。

5. 兼容性高

主流的网络设备（如路由器、交换机和防火墙等）都存在集成的 ACL 功能，可以兼容各类网络协议和应用程序。

三、基于时间的访问控制列表的时间段

在不同的环境中，根据不同的需求应配置不同的时间段，时间段的表述方式见表 6–3。

表 6–3　时间段的表述方式

时间段	表述方式
工作日	working-day
周末	weekend
周一	monday
周二	tuesday
周三	wednesday
周四	thursday
周五	friday
周六	saturday
周日	sunday

四、基于时间的访问控制列表的配置命令

TBACL 的相关配置必须在系统视图下完成，具体如下。

1. 配置时间段参数

具体命令如下。

```
time-range {时间段名称} {具体时间 1} to {具体时间 2} {生效时间段}
```

例如，当时间段名称为 work，具体时间为 9:00 至 12:00，生效时间段为工作日时，命令为：time-range work 9:00 to 12:00 working-day。

2. 执行 TBACL 进程并进入 ACL 视图

具体命令如下。

```
acl（acl 编号）
```

例如，当 ACL 编号为 3000 时，命令为：acl 3000。

3. 指定 ACL 中的策略

具体命令如下。

```
rule {允许或拒绝} {协议} {源地址} {反掩码} {目标地址} {反掩码} time-range {时间段名称}
```

例如，当拒绝源地址为 192.168.1.0、子网掩码为 255.255.255.0，目标地址为 172.16.10.1、子网掩码为 255.255.255.0，时间段名称为 work 的数据包通过时，命令为：rule deny source 192.168.1.0 0.0.0.255 destination 172.16.10.1 0.0.0.0 time-range work。

小提示

需要注意的是，当源地址或目标地址为网络地址（如 192.168.1.0）时，子网掩码需要输入反掩码；但当源地址或目标地址为具体 IP 地址（如 192.168.1.1）时，子网掩码统一为 0.0.0.0。

4. 设置端口应用方向和调用 ACL

具体命令如下。

```
traffic-filter {端口应用方向（in 或 out）} acl {acl 编号}
```

例如，当应用在端口出方向时，命令为：traffic-filter outbound acl 3000。

任务实施

一、任务描述

本任务要求实现属于内部网络的 PC1 和 PC2 在任何时间内都可以相互访问，通过使用TBACL，网络服务器Server1在工作日（周一至周五）的工作时间段（9:00至12:00及14:30至17:30）禁止PC1和PC2访问。配置各端口对应IP地址，以及静态或默认路由。

本任务所需的实验设备主要有：AR2220路由器2台，带有网卡的PC 2台，服务器1台，直连网线4条，以及电源线若干。

本任务的实验拓扑图如图6-14所示。

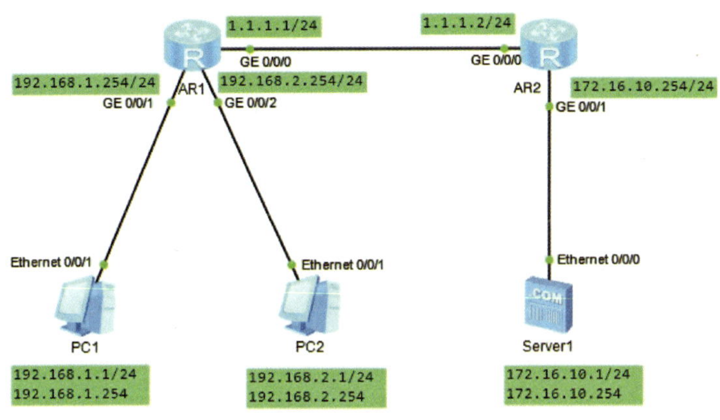

图6-14 实验拓扑图

二、操作步骤

1. 配置IP地址

根据本任务要求，在2台PC、1台服务器和2台路由器的配置界面添加对应的IP地址，各端口IP信息对应表见表6-4。

表6-4 各端口IP信息对应表

设备名	端口	IP地址	子网掩码	默认网关
PC1	网卡	192.168.1.1	255.255.255.0	192.168.1.254
PC2	网卡	192.168.2.1	255.255.255.0	192.168.2.254
Server1	网卡	172.16.10.1	255.255.255.0	172.16.10.254
AR1	GigabitEthernet0/0/0	1.1.1.1	255.255.255.0	—
	GigabitEthernet0/0/1	192.168.1.254	255.255.255.0	—
	GigabitEthernet0/0/2	192.168.2.254	255.255.255.0	—
AR2	GigabitEthernet0/0/0	1.1.1.2	255.255.255.0	—
	GigabitEthernet0/0/1	172.16.10.254	255.255.255.0	—

2. 进入 AR1、AR2 系统视图修改名称

（1）AR1 的具体命令如下。

```
<Huawei>system-view
[Huawei]sysname AR1
```

（2）AR2 的具体命令如下。

```
<Huawei>system-view
[Huawei]sysname AR2
```

3. 在 AR1、AR2 中配置对应 IP 地址

（1）AR1 的具体命令如下。

```
[AR1]interface GigabitEthernet0/0/0
[AR1-GigabitEthernet0/0/0]ip address 1.1.1.1 24
[AR1-GigabitEthernet0/0/0]quit
[AR1]interface GigabitEthernet0/0/1
[AR1-GigabitEthernet0/0/1]ip address 192.168.1.254 24
[AR1-GigabitEthernet0/0/1]quit
[AR1]interface GigabitEthernet0/0/2
[AR1-GigabitEthernet0/0/2]ip address 192.168.2.254 24
[AR1-GigabitEthernet0/0/2]quit
```

（2）AR2 的具体命令如下。

```
[AR2]interface GigabitEthernet0/0/0
[AR2-GigabitEthernet0/0/0]ip address 1.1.1.2 24
[AR2-GigabitEthernet0/0/0]quit
[AR2]interface GigabitEthernet0/0/1
[AR2-GigabitEthernet0/0/1]ip address 172.16.10.254 24
[AR2-GigabitEthernet0/0/1]quit
```

4. 在 AR1、AR2 中配置默认路由

（1）AR1 的具体命令如下。

```
[AR1]ip route-static 0.0.0.0 0 1.1.1.2
```

（2）AR2 的具体命令如下。

```
[AR2]ip route-static 0.0.0.0 0 1.1.1.1
```

5. 在 AR1 中配置时间段参数

在 AR1 中配置名称为 work 的时间段参数，并根据要求添加时间，具体命令如下。

```
[AR1]time-range work 9:00 to 12:00 working-day
[AR1]time-range work 14:30 to 17:30 working-day
```

6. 在 AR1 中配置 TBACL

在 AR1 中创建编号为 3000 的 TBACL，添加拒绝源地址 192.168.1.0、192.168.2.0，目标地址 172.16.10.1，应用名称为 work 时间段的策略，并设置该 TBACL 以出方向应用于 AR1 的 GigabitEthernet0/0/0 端口上，具体命令如下。

```
[AR1]acl 3000
[AR1-acl-adv-3000]rule deny ip source 192.168.1.0 0.0.0.255 destination 172.16.10.1 0.0.0.0 time-range work
[AR1-acl-adv-3000]rule deny ip source 192.168.2.0 0.0.0.255 destination 172.16.10.1 0.0.0.0 time-range work
[AR1-acl-adv-3000]quit
[AR1]interface GigabitEthernet0/0/0
[AR1-GigabitEthernet0/0/0]traffic-filter outbound acl 3000
[AR1-GigabitEthernet0/0/0]quit
```

7. 检查配置结果

上述操作已完成多层交换机 ACL 的配置，此时可通过 display current-configuration 命令查看 AR1 的全局信息，具体命令如下。

```
[AR1]display current-configuration
```

执行此命令后，AR1 的全局信息如图 6-15 所示。

通过 display current-configuration 命令查看 AR2 的全局信息，具体命令如下。

```
[AR2]display current-configuration
```

执行此命令后，AR2 的全局信息如图 6-16 所示。

可见 AR1 中已出现编号为 3000 的 TBACL，添加了相应的规则，并以出方向应用于 AR1 的 GigabitEthernet0/0/0 端口上。

8. 通信测试

（1）模拟工作日时间进行测试，使用 <AR1>clock datetime 10:00:00 2024-07-10 命令将 AR1 的系统时间修改为 2024 年 7 月 10 日（星期三）10:00，此时 AR1 系统时间如图 6-17 所示。

```
[AR1]display current-configuration
[V200R003C00]
#
 sysname AR1
#
 snmp-agent local-engineid 800007DB03000000000000
 snmp-agent
#
 clock timezone China-Standard-Time minus 08:00:00
#
portal local-server load portalpage.zip
#
 drop illegal-mac alarm
#
 time-range work 09:00 to 12:00 working-day
 time-range work 14:30 to 17:30 working-day
#
 undo info-center enable
#
 set cpu-usage threshold 80 restore 75
#
acl number 3000
 rule 5 deny ip source 192.168.1.0 0.0.0.255 destination 172.16.10.1 0 time-rang
e work
 rule 10 deny ip source 192.168.2.0 0.0.0.255 destination 172.16.10.1 0 time-ran
ge work
#
aaa
 authentication-scheme default
 authorization-scheme default
 accounting-scheme default
 domain default
 domain default_admin
 local-user admin password cipher %$%$K8m.Nt84DZ)e#<0`8bmE3Uw)%$%$
 local-user admin service-type http
#
firewall zone Local
 priority 15
#
interface GigabitEthernet0/0/0
 ip address 1.1.1.1 255.255.255.0
 traffic-filter outbound acl 3000
#
interface GigabitEthernet0/0/1
 ip address 192.168.1.254 255.255.255.0
#
interface GigabitEthernet0/0/2
 ip address 192.168.2.254 255.255.255.0
#
interface NULL0
#
ip route-static 0.0.0.0 0.0.0.0 1.1.1.2
#
user-interface con 0
 authentication-mode password
user-interface vty 0 4
user-interface vty 16 20
#
wlan ac
#
return
```

图 6-15　AR1 的全局信息

```
[AR2]display current-configuration
[V200R003C00]
#
 sysname AR2
#
 snmp-agent local-engineid 800007DB03000000000000
 snmp-agent
#
 clock timezone China-Standard-Time minus 08:00:00
#
portal local-server load portalpage.zip
#
 drop illegal-mac alarm
#
 undo info-center enable
#
 set cpu-usage threshold 80 restore 75
#
aaa
 authentication-scheme default
 authorization-scheme default
 accounting-scheme default
 domain default
 domain default_admin
 local-user admin password cipher %$%$K8m.Nt84DZ}e#<0`8bmE3Uw}%$%$
 local-user admin service-type http
#
firewall zone Local
 priority 15
#
interface GigabitEthernet0/0/0
 ip address 1.1.1.2 255.255.255.0
#
interface GigabitEthernet0/0/1
 ip address 172.16.10.254 255.255.255.0
#
interface GigabitEthernet0/0/2
#
interface NULL0
#
ip route-static 0.0.0.0 0.0.0.0 1.1.1.1
#
user-interface con 0
 authentication-mode password
user-interface vty 0 4
user-interface vty 16 20
#
wlan ac
#
return
```

图 6-16　AR2 的全局信息

```
<AR1>display clock
2024-07-10 10:00:33
Wednesday
Time Zone(China-Standard-Time) : UTC-08:00
```

图 6-17　AR1 系统时间

小提示

需要注意的是，修改系统时间必须在用户视图下进行。

（2）使用PC1进行测试，使用Ping命令分别访问PC2和Server1，测试结果如图6-18、图6-19所示。

```
PC>ping 192.168.2.1

Ping 192.168.2.1: 32 data bytes, Press Ctrl_C to break
From 192.168.2.1: bytes=32 seq=1 ttl=127 time=16 ms
From 192.168.2.1: bytes=32 seq=2 ttl=127 time=15 ms
From 192.168.2.1: bytes=32 seq=3 ttl=127 time=16 ms
From 192.168.2.1: bytes=32 seq=4 ttl=127 time<1 ms
From 192.168.2.1: bytes=32 seq=5 ttl=127 time=16 ms

--- 192.168.2.1 ping statistics ---
  5 packet(s) transmitted
  5 packet(s) received
  0.00% packet loss
  round-trip min/avg/max = 0/12/16 ms
```

图6-18　PC1和PC2的通信测试结果

```
PC>ping 172.16.10.1

Ping 172.16.10.1: 32 data bytes, Press Ctrl_C to break
Request timeout!
Request timeout!
Request timeout!
Request timeout!
Request timeout!

--- 172.16.10.1 ping statistics ---
  5 packet(s) transmitted
  0 packet(s) received
  100.00% packet loss
```

图6-19　PC1和Server1的通信测试结果

（3）模拟非工作日时间进行测试，使用<AR1>clock datetime 20:00:00 2024-07-10命令将AR1的系统时间修改为2024年7月10日（星期三），20:00，此时AR1系统时间如图6-20所示。

```
<AR1>display clock
2024-07-10 20:00:07
Wednesday
Time Zone(China-Standard-Time) : UTC-08:00
```

图6-20　AR1系统时间

（4）使用PC1进行测试，使用Ping命令分别访问PC2和Server1，测试结果如图6-21、图6-22所示。

```
PC>ping 192.168.2.1

Ping 192.168.2.1: 32 data bytes, Press Ctrl_C to break
From 192.168.2.1: bytes=32 seq=1 ttl=127 time=16 ms
From 192.168.2.1: bytes=32 seq=2 ttl=127 time=16 ms
From 192.168.2.1: bytes=32 seq=3 ttl=127 time=15 ms
From 192.168.2.1: bytes=32 seq=4 ttl=127 time=16 ms
From 192.168.2.1: bytes=32 seq=5 ttl=127 time=16 ms

--- 192.168.2.1 ping statistics ---
  5 packet(s) transmitted
  5 packet(s) received
  0.00% packet loss
  round-trip min/avg/max = 15/15/16 ms
```

图 6-21　PC1 和 PC2 的通信测试结果

```
PC>ping 172.16.10.1

Ping 172.16.10.1: 32 data bytes, Press Ctrl_C to break
From 172.16.10.1: bytes=32 seq=1 ttl=253 time=15 ms
From 172.16.10.1: bytes=32 seq=2 ttl=253 time=16 ms
From 172.16.10.1: bytes=32 seq=3 ttl=253 time=15 ms
From 172.16.10.1: bytes=32 seq=4 ttl=253 time=16 ms
From 172.16.10.1: bytes=32 seq=5 ttl=253 time=16 ms

--- 172.16.10.1 ping statistics ---
  5 packet(s) transmitted
  5 packet(s) received
  0.00% packet loss
  round-trip min/avg/max = 15/15/16 ms
```

图 6-22　PC1 和 Server1 的通信测试结果

项目七 网络地址转换

任务 1　EasyIP 网络地址转换

1. 了解网络地址转换的概念。
2. 了解 EasyIP 网络地址转换的概念。
3. 实现 EasyIP 网络地址转换的配置。

局域网中的 IP 地址是私有地址，因为不同的局域网之间并不直接通信，所以不同的局域网可以使用相同的私有地址。互联网中的 IP 地址是公有地址（也叫公用地址），在互联网上 IP 地址是唯一的。那么，局域网如何接入互联网？接入后这些不同的局域网之间又如何通信呢？

一、网络地址转换

网络地址转换（Network Address Translation，NAT）又称网络掩蔽或 IP 掩蔽（IP

Masquerading)，是一种在 IP 数据包通过网关设备（常为路由器）时重写源 IP 地址或目的 IP 地址的技术（又被形象地称为“换马甲技术”)。这种技术被普遍用于内部网络主机通过公有 IP 地址访问互联网的过程中。

以内部网络（局域网）主机访问外部网络（互联网）IP 地址为例，NAT 的工作过程如图 7-1 所示。

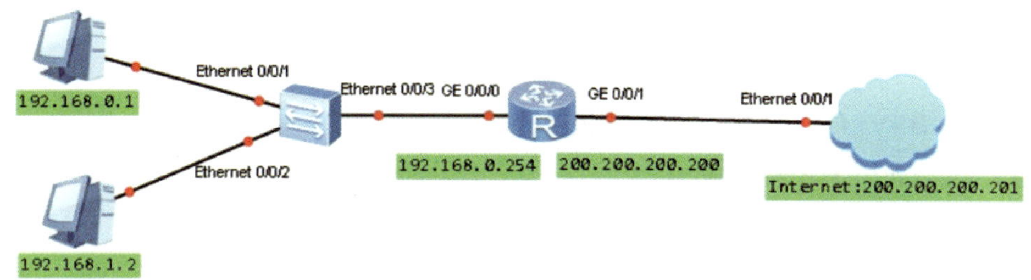

图 7-1　NAT 的工作过程

1. 内部网络主机（IP 地址为 192.168.0.1）向外部网络 IP 地址（200.200.200.201）发送数据包。

2. 因目标地址的网络与主机所在网络不同，数据包将被发送给网关设备（此处为路由器的 GigabitEthernet0/0/0 端口，IP 地址为 192.168.0.254)。

3. 路由器读取数据包后，修改数据包的源地址 192.168.0.1，将其改为可访问外部网络的地址 200.200.200.200（该地址具有唯一性，在运营商处购得)。

4. 此时，发往外部网络的数据包由地址 192.168.0.1 发送到地址 200.200.200.201 更改为由地址 200.200.200.200 发送到地址 200.200.200.201。

5. 由于数据包的源地址已改为外部网络地址，可直接与外部网络地址 200.200.200.201 顺利通信。

6. 数据返回时，由地址 200.200.200.201 发送给地址 200.200.200.200。路由器收到数据后，把目标地址改回内部网络地址 192.168.0.1，数据包就被顺利传送回内部网络主机（IP 地址为 192.168.0.1）了。

二、端口多路复用

端口多路复用（Port Address Translation，PAT）是 NAT 中的一种，它通过转换向外发送的数据包的源地址和源端口（TCP 端口)，使内部网络主机可使用合法的公网 IP 地址访问外部网络。

在内部网络中，不同的主机不但可以使用公有地址访问外部网络，还可以使用不同的 TCP 端口同时访问外部网络而互不干扰。这样不仅可以最大限度地节约 IP 地址资源，还可以隐藏网络内部的所有主机，有效避免来自外部网络的攻击。

三、Easy IP 网络地址转换

Easy IP 是 PAT 的一种，但在这种方式中并不需要准备好转换用的外部网络地址池，所有的内部网络主机都通过 NAT 设备连接外部网络端口的 IP 地址，和不同端口进行外部网络访问。

因为在转换过程中使用的是不同的端口，所以理论上来说 NAT 设备可以通过使用不同端口为局域网上万台主机提供访问支持。但受限于设备性能和需要保留部分端口的规定，实际上一个外部网络地址只能为大约 4 000 台主机提供服务。

四、Easy IP 网络地址转换的相关命令

1. 建立使用 NAT 的 ACL

具体命令参考 ACL 相关内容。

2. 在端口上配置 Easy IP 方式的 NAT

具体命令如下。

```
nat outbound {acl 编号 }
```

例如，在 GigabitEthernet0/0/1 接口上调用 ACL 2000 使用 Easy IP 的方式进行 NAT 的命令为：[Huawei]Interface GigabitEthernet0/0/1、[Huawei-GigabitEthernet0/0/1] nat outbound 2000。

一、任务描述

本任务要求实现使用 Easy IP 方式的 NAT，使内部网络主机可访问外部网络。

本任务所需的实验设备主要有：路由器 2 台，交换机 1 台，带有网卡的 PC 2 台，直连网线 4 条，以及电源线若干。

本任务的实验拓扑图如图 7-2 所示，图中路由器 1（R1）模拟内部网络路由器，路由器 2（R2）模拟运营商路由器，LoopBack0（回送端口）模拟外部网络地址。

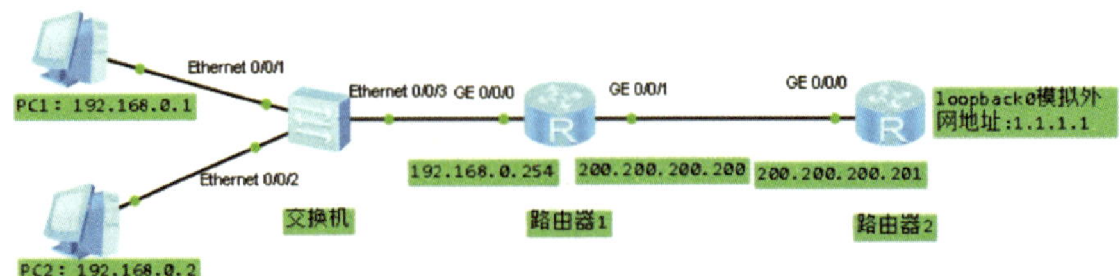

图 7-2 实验拓扑图

二、操作步骤

1. 配置 IP 地址和 PC 网关

根据本任务要求，在 2 台 PC 的配置界面添加对应的 IP 地址和网关，并在 2 台路由器的配置界面添加对应的 IP 地址，各端口 IP 信息对应表见表 7-1。

表 7-1　各端口 IP 信息对应表

设备名	端口	IP 地址	网关
PC1	网卡	192.168.0.1	192.168.0.254
PC2	网卡	192.168.0.2	192.168.0.254
R1	GigabitEthernet0/0/0	192.168.0.254	—
	GigabitEthernet0/0/1	200.200.200.200	—
R2	GigabitEthernet0/0/0	200.200.200.201	—
	LoopBack0	1.1.1.1	—

2. 进入 R1、R2 系统视图修改名称并配置各端口 IP 地址

为 R1、R2 分别设置名称和 IP 地址，参考命令如下。

```
[Huawei]sysname R1
[R1]interface GigabitEthernet0/0/0
[R1-GigabitEthernet0/0/0]ip address 192.168.0.254 24
[R1-GigabitEthernet0/0/0]quit
[R1]interface GigabitEthernet0/0/1
[R1-GigabitEthernet0/0/1]ip address 200.200.200.200 24
[R1-GigabitEthernet0/0/1]quit
[Huawei]sysname R2
[R2]interface GigabitEthernet0/0/0
[R2-GigabitEthernet0/0/0]ip address 200.200.200.201 24
[R2-GigabitEthernet0/0/0]quit
[R2]interface LoopBack0
[R2-LoopBack0]ip address 1.1.1.1 24
[R2-LoopBack0]quit
```

3. 在 R1 中设置默认路由以实现全网互通

具体命令如下。

```
[R1]ip route-static 0.0.0.0 0 200.200.200.201
```

此时，局域网主机 PC1 和 PC2 能成功 Ping 通 192.168.0.254，却无法 Ping 通外部

网络地址 200.200.200.201 或 1.1.1.1。

4. 在 R1 中配置 ACL

此处需要配置允许内部网络所有主机使用的 NAT，具体命令如下。

```
[R1]acl 2000
[R1-acl-basic-2000]rule permit
[R1-acl-basic-2000]quit
```

5. 在 R1 出口配置 EasyIP 方式的 NAT

具体命令如下。

```
[R1]interface GigabitEthernet0/0/1
[R1-GigabitEthernet0/0/1]nat outbound 2000
```

6. 通信测试

此时 PC1 和 PC2 都可以成功 Ping 通所有的 IP 地址，R2 却无法 Ping 通 PC1 和 PC2，这是因为局域网所有的主机都共用 R1 GigabitEthernet0/0/1 端口上的 IP 地址进行外部网络访问，并不具备唯一性。可见 NAT 可以保证内部主机访问外部网络，却无法让外部主机访问内部网络。R2 的通信测试结果如图 7-3 所示。

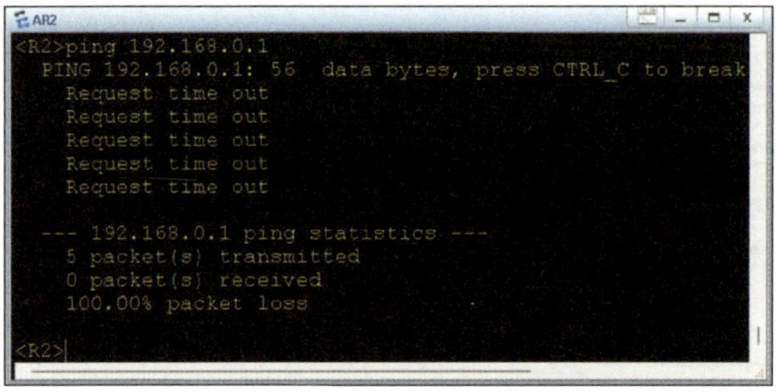

```
AR2
<R2>ping 192.168.0.1
  PING 192.168.0.1: 56  data bytes, press CTRL_C to break
    Request time out
    Request time out
    Request time out
    Request time out
    Request time out

  --- 192.168.0.1 ping statistics ---
    5 packet(s) transmitted
    0 packet(s) received
    100.00% packet loss

<R2>
```

图 7-3　R2 的通信测试结果

7. 数据分析

（1）在 PC2 上执行 ping 1.1.1.1-t 命令，保持 PC1 和 R2 的通信。

（2）在 R1 的 GigabitEthernet0/0/0 端口使用 Wireshark 抓包，可以观察到从该端口进入的 ICMP 数据包的源地址是 192.168.0.2，目标地址是 1.1.1.1，如图 7-4 所示。

（3）在 R1 的 GigabitEthernet0/0/1 端口使用 Wireshark 抓包，可以观察到从该端口出去的 ICMP 数据包的源地址是 200.200.200.200，目标地址是 1.1.1.1。也就是说数据包在从该端口出去时，其源地址已经成功从 192.168.0.2 转换为该端口的 IP 地址（200.200.200.200），如图 7-5 所示。

```
*Standard input
文件(F) 编辑(E) 视图(V) 跳转(G) 捕获(C) 分析(A) 统计(S) 电话(Y) 无线(W) 工具(T) 帮助(H)
应用显示过滤器 … <Ctrl-/>                                          表达式…
No.  Time        Source           Destination      Protocol  Length  Info
   1 0.000000    192.168.0.2      1.1.1.1          ICMP          74  Echo (ping)
   2 0.000000    1.1.1.1          192.168.0.2      ICMP          74  Echo (ping)
   3 1.032000    192.168.0.2      1.1.1.1          ICMP          74  Echo (ping)
   4 1.047000    1.1.1.1          192.168.0.2      ICMP          74  Echo (ping)
> Frame 1: 74 bytes on wire (592 bits), 74 bytes captured (592 bits) on interface 0
> Ethernet II, Src: HuaweiTe_48:73:ae (54:89:98:48:73:ae), Dst: HuaweiTe_4b:10:57 (00:e0:fc:…
> Internet Protocol Version 4, Src: 192.168.0.2, Dst: 1.1.1.1
> Internet Control Message Protocol
0000  00 e0 fc 4b 10 57 54 89  98 48 73 ae 08 00 45 00   ...K.WT. .Hs...E.
0010  00 3c 6e df 40 00 80 01  c9 35 c0 a8 00 02 01 01   .<n.@... .5......
0020  01 01 08 00 96 ad ee 6e  01 62 08 09 0a 0b 0c 0d   .......n .b......
0030  0e 0f 10 11 12 13 14 15  16 17 18 19 1a 1b 1c 1d   ........ ........
0040  1e 1f 20 21 22 23 24 25  26 27                     .. !"#$% &'
字节 30-33: Destination (ip.dst)          分组: 19 · 已显示: 19 (100.0%)   配置文件: Default
```

图 7-4　R1 的 GigabitEthernet0/0/0 端口的抓包结果

```
正在捕获 Standard input
文件(F) 编辑(E) 视图(V) 跳转(G) 捕获(C) 分析(A) 统计(S) 电话(Y) 无线(W) 工具(T) 帮助(H)
应用显示过滤器 … <Ctrl-/>                                          表达式…
No.  Time        Source           Destination      Protocol  Length  Info
   1 0.000000    200.200.200.200  1.1.1.1          ICMP          74  Echo (ping)
   2 0.000000    1.1.1.1          200.200.200.200  ICMP          74  Echo (ping)
   3 1.047000    200.200.200.200  1.1.1.1          ICMP          74  Echo (ping)
   4 1.047000    1.1.1.1          200.200.200.200  ICMP          74  Echo (ping)
> Frame 1: 74 bytes on wire (592 bits), 74 bytes captured (592 bits) on interface 0
> Ethernet II, Src: HuaweiTe_4b:10:58 (00:e0:fc:4b:10:58), Dst: HuaweiTe_c4:76:d9 (00:e0:fc:…
> Internet Protocol Version 4, Src: 200.200.200.200, Dst: 1.1.1.1
> Internet Control Message Protocol
0000  00 e0 fc c4 76 d9 00 e0  fc 4b 10 58 08 00 45 00   ....v... .K.X..E.
0010  00 3c 70 42 40 00 7f 01  f7 eb c8 c8 c8 c8 01 01   .<pB@... ........
0020  01 01 08 00 ba 8e c9 2a  02 c5 08 09 0a 0b 0c 0d   .......* ........
0030  0e 0f 10 11 12 13 14 15  16 17 18 19 1a 1b 1c 1d   ........ ........
0040  1e 1f 20 21 22 23 24 25  26 27                     .. !"#$% &'
                                          分组: 8 · 已显示: 8 (100.0%)   配置文件: Default
```

图 7-5　R1 的 GigabitEthernet0/0/1 端口的抓包结果

任务 2　静态与服务器网络地址转换

1. 了解静态网络地址转换的概念。
2. 掌握配置静态网络地址转换的命令。
3. 掌握配置服务器网络地址转换的命令。

EasyIP 的网络地址转换能够使局域网内多台主机使用一个 IP 地址访问外部网络，满足了基本的局域网访问外部网络需求，但也带来了外部网络主机无法访问局域网内主机的弊端，如何解决这个问题呢？

一、静态网络地址转换的概念

静态 NAT 是指将内部网络的私有 IP 地址转换为公有 IP 地址，这两个 IP 地址之间存在一对一的对应关系，并且是一成不变的。静态 NAT 的工作原理如图 7-6 所示。从内部地址 A 访问外部地址 D 时，源地址由内部地址 A 替换为外部地址 C（此时数据变为从源地址 C 发往目的地址 D）；反之，从外部地址 D 访问外部地址 C 时，目的地址也会转换为与其对应的内部地址（此时数据变为从源地址 D 发往目的地址 A），这种内部地址 A 和外部地址 C 的对应关系由网络管理员通过静态 NAT 手动指定。

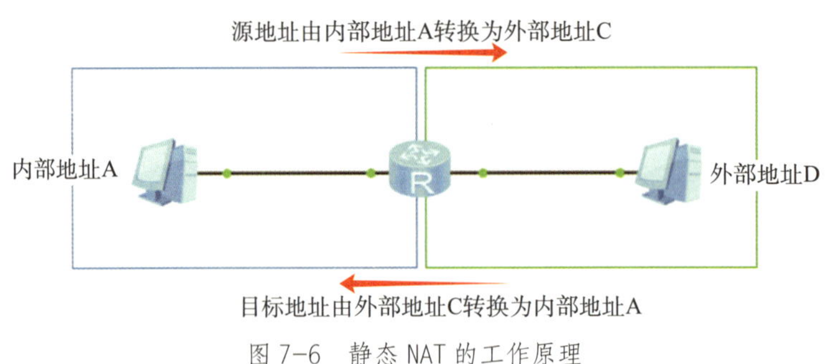

图 7-6　静态 NAT 的工作原理

静态 NAT 可实现外部网络对内部网络中某些特定设备（如服务器）的访问，并使该设备在外部用户看起来变得“不透明”。同时，由于地址的一一对应关系，也需要更多的外部地址来供内部主机使用。

二、静态网络地址转换的相关命令

1. 建立静态 NAT 的对应关系

具体命令如下。

```
nat static global {外部网络地址} inside {内部网络地址}
```

例如，建立内部网络地址 192.168.0.1 与外部网络地址 200.200.200.200 的一一对应关系的命令为：[Huawei]nat static global 200.200.200.202 inside 192.168.0.1。

2. 在端口上配置静态 NAT

具体命令如下。

```
nat static enable
```

例如，在 GigabitEthernet0/0/1 端口应用静态 NAT 的命令为：[Huawei]Interface GigabitEthernet0/0/1、[Huawei- GigabitEthernet0/0/1]nat static enable。

三、服务器网络地址转换的概念

服务器 NAT 与静态 NAT 原理相似，其不同之处在于服务器 NAT 在建立内部网络和外部网络 IP 地址的一一对应关系时增加了端口选项，可为内部地址的某端口与外部地址的某端口建立一一对应关系，这种 NAT 也被称为端口映射。

四、服务器网络地址转换的相关命令

1. 在端口上建立服务器 NAT 的对应关系

具体命令如下。

```
[Huawei]Interface GigabitEthernet0/0/1
[Huawei]nat server protocol {协议} global {外部地址} {端口号} inside {内部地址} {端口号}
```

例如，建立内部网络地址 192.168.0.1 的 TCP 端口 8080 与外部网络地址 200.200.200.200 的 TCP 端口 80 的一一对应关系的命令为：[Huawei]nat server protocol tcp global 200.200.200.202 80 inside 192.168.0.1 8080。

2. 在端口上配置静态 NAT

例如，在 GigabitEthernet0/0/1 端口应用静态 NAT 的命令如下。

```
[Huawei]Interface GigabitEthernet0/0/1
[Huawei-GigabitEthernet0/0/1]nat static enable
```

一、静态 NAT 实验任务描述

本任务要求实现使用静态 NAT 保证局域网服务器能被外部网络访问。

本任务所需的实验设备主要有：服务器 1 台，路由器 2 台，交换机 1 台，直连网线 3 条，以及电源线若干。

本任务的实验拓扑图如图 7–7 所示。

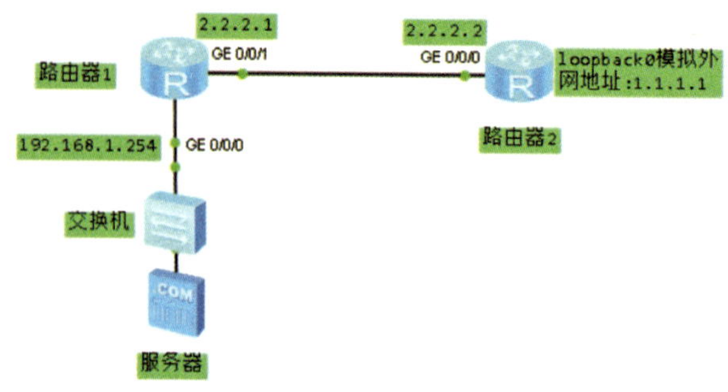

图 7–7　实验拓扑图

二、静态 NAT 实验操作步骤

1. 配置 IP 地址和 PC 网关

根据本任务要求，在 1 台服务器的配置界面添加对应的 IP 地址和网关，并在 2 台路由器的配置界面添加对应的 IP 地址，各端口 IP 信息对应表见表 7–2。

表 7–2　各端口 IP 信息对应表

设备名	端口	IP 地址	网关
服务器	网卡	192.168.1.1	192.168.1.254
R1	GigabitEthernet0/0/0	192.168.1.254	—
	GigabitEthernet0/0/1	2.2.2.1	—
R2	GigabitEthernet0/0/0	2.2.2.2	—
	LoopBack0	1.1.1.1	—

2. 进入 R1、R2 系统视图修改名称并配置各端口 IP 地址

为 R1、R2 分别设置名称和 IP 地址，参考命令如下。

```
[Huawei]sysname R1
[R1]interface GigabitEthernet0/0/0
[R1-GigabitEthernet0/0/0]ip address 192.168.1.254 24
[R1-GigabitEthernet0/0/0]quit
[R1]interface GigabitEthernet0/0/1
[R1-GigabitEthernet0/0/1]ip address 2.2.2.1 24
[R1-GigabitEthernet0/0/1]quit
[Huawei]sysname R2
```

```
[R2]interface GigabitEthernet0/0/0
[R2-GigabitEthernet0/0/0]ip address 2.2.2.2 24
[R2-GigabitEthernet0/0/0]quit
[R2]interface LoopBack0
[R2-LoopBack0]ip address 1.1.1.1 24
[R2-LoopBack0]quit
```

3. 在 R1 中设置默认路由以实现全网互通

具体命令如下。

```
[R1]ip route-static 0.0.0.0 0 2.2.2.2
```

此时，局域网服务器能成功 Ping 通 192.168.1.254，却无法 Ping 通外部网络地址 2.2.2.2 或 1.1.1.1。

4. 在 R1 中建立静态 NAT 的对应关系

为内部网络地址 192.168.1.1 和外部网络地址 2.2.2.3 建立对应关系，具体命令如下。

```
[R1] nat static global 2.2.2.3 inside 192.168.1.1
```

5. 在 R1 出口配置静态 NAT

具体命令如下。

```
[R1]interface GigabitEthernet0/0/1
[R1-GigabitEthernet0/0/1]nat static enable
```

6. 通信测试

双击拓扑区的服务器打开对应界面，在“基础配置”选项卡的“Ping 测试”模块中进行 Ping 测试。此时局域网的服务器可以成功 Ping 通 R2 上的外部网络地址 1.1.1.1，服务器的通信测试流程和结果如图 7-8 所示。

此时 R2 可以 Ping 通 2.2.2.3，此处 2.2.2.3 地址与局域网的服务器 IP 地址是一一对应的，可以 Ping 通局域网的服务器。

7. 数据分析

（1）在 R1 的 GigabitEthernet0/0/0 端口使用 Wireshark 抓包，在服务器上 Ping 外部网络地址 1.1.1.1。可以观察到从该端口进入的 ICMP 数据包的源地址是 192.168.1.1，目标地址是 1.1.1.1，如图 7-9 所示。

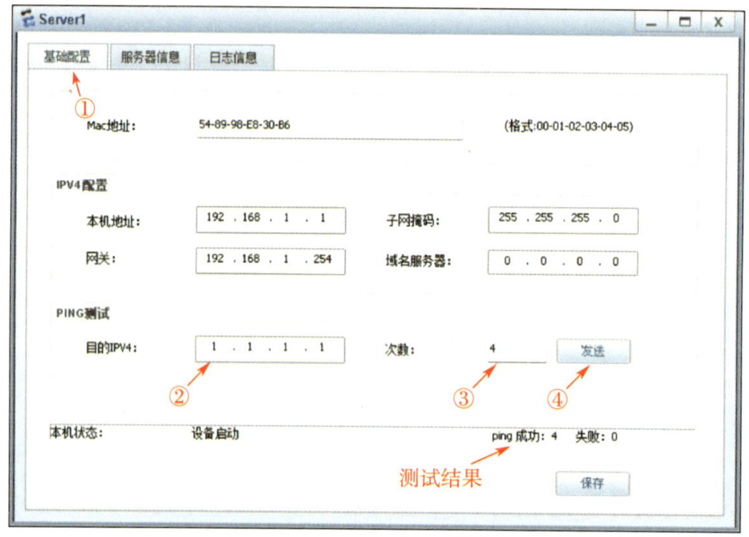

图 7-8　服务器的通信测试流程和结果

正在捕获 Standard input

文件(F) 编辑(E) 视图(V) 跳转(G) 捕获(C) 分析(A) 统计(S) 电话(Y) 无线(W) 工具(T) 帮助(H)

应用显示过滤器 … <Ctrl-/>　表达式…

No.	Time	Source	Destination	Protocol	Length	Info
7	12.500000	192.168.1.1	1.1.1.1	ICMP	74	Echo (pin…
8	12.516000	1.1.1.1	192.168.1.1	ICMP	74	Echo (pin…
9	12.547000	192.168.1.1	1.1.1.1	ICMP	74	Echo (pin…
10	12.547000	1.1.1.1	192.168.1.1	ICMP	74	Echo (pin…
11	12.578000	192.168.1.1	1.1.1.1	ICMP	74	Echo (pin…

Frame 1: 119 bytes on wire (952 bits), 119 bytes captured (952 bits) on interface 0
IEEE 802.3 Ethernet
Logical-Link Control
Spanning Tree Protocol

```
0000  01 80 c2 00 00 00 4c 1f  cc 4f 68 9a 00 69 42 42   ......L. .Oh..iBB
0010  03 00 00 03 02 7c 80 00  4c 1f cc 4f 68 9a 00 00   .....|.. L..Oh...
0020  00 00 80 00 4c 1f cc 4f  68 9a 80 03 00 00 14 00   ....L..O h.......
0030  02 00 0f 00 00 00 40 00  34 63 31 66 63 63 34 66   ......@. 4c1fcc4f
0040  36 38 39 61 00 00 00 00  00 00 00 00 00 00 00 00   689a.... ........
```

分组：24 · 已显示：24 (100.0%)　配置文件：Default

图 7-9　R1 的 GigabitEthernet0/0/0 端口的抓包结果

（2）在 R1 的 GigabitEthernet0/0/1 端口使用 Wireshark 抓包，在服务器上 Ping 外部网络地址 1.1.1.1。可以观察到从该端口出去的 ICMP 数据包的源地址已被替换为对应的外部网络地址 2.2.2.3，目标地址是 1.1.1.1，如图 7-10 所示。

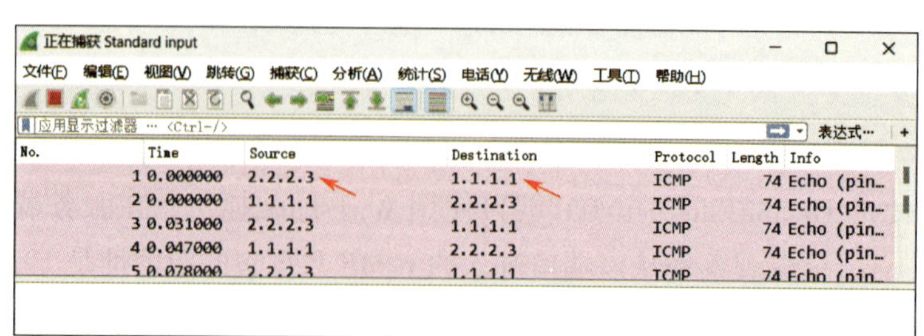

图 7-10　R1 的 GigabitEthernet0/0/1 端口的抓包结果

（3）在 R1 的 GigabitEthernet0/0/0 端口使用 Wireshark 抓包，在 R2 上 Ping 外部网络地址 2.2.2.3。可以观察到从该端口出去的 ICMP 数据包的源地址是 R2 的地址（2.2.2.2），目标地址已被替换为对应的内部网络地址 192.168.1.1，如图 7–11 所示。

```
正在捕获 Standard input
文件(F) 编辑(E) 视图(V) 跳转(G) 捕获(C) 分析(A) 统计(S) 电话(Y) 无线(W) 工具(T) 帮助(H)
应用显示过滤器 … <Ctrl-/>                                        表达式…  +
No.   Time        Source         Destination    Protocol  Length  Info
    6 8.953000    2.2.2.2        192.168.1.1    ICMP      98 Echo (pin…
    7 8.969000    192.168.1.1    2.2.2.2        ICMP      98 Echo (pin…
    8 9.453000    2.2.2.2        192.168.1.1    ICMP      98 Echo (pin…
    9 9.469000    192.168.1.1    2.2.2.2        ICMP      98 Echo (pin…
   10 9.937000    2.2.2.2        192.168.1.1    ICMP      98 Echo (pin…
> Frame 1: 119 bytes on wire (952 bits), 119 bytes captured (952 bits) on interface 0
> IEEE 802.3 Ethernet
> Logical-Link Control
> Spanning Tree Protocol
0000  01 80 c2 00 00 00 4c 1f  cc 4f 68 9a 00 69 42 42   ......L. .Oh..iBB
0010  03 00 00 03 02 7c 80 00  4c 1f cc 4f 68 9a 00 00   .....|.. L..Oh...
0020  00 00 80 00 4c 1f cc 4f  68 9a 80 03 00 00 14 00   ....L..O h.......
0030  02 00 0f 00 00 00 40 00  34 63 31 66 63 63 34 66   ......@. 4c1fcc4f
0040  36 38 39 61 00 00 00 00  00 00 00 00 00 00 00 00   689a.... ........
分组: 41 · 已显示: 41 (100.0%)  配置文件: Default
```

图 7–11 R1 的 GigabitEthernet0/0/0 端口的抓包结果

三、服务器 NAT 实验任务描述

本任务要求实现使用服务器 NAT 保证局域网服务器能被外部网络访问。

本任务所需的实验设备主要有：服务器 1 台，路由器 1 台，交换机 1 台，客户机 1 台，直连网线 3 条，以及电源线若干。

本任务的实验拓扑图如图 7–12 所示。

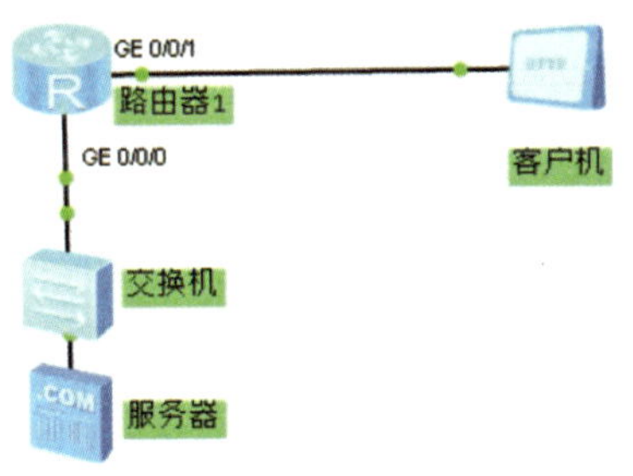

图 7–12 实验拓扑图

四、服务器 NAT 实验操作步骤

1. 配置 IP 地址和 PC 网关

根据本任务要求，在 1 台服务器和 1 台客户机的配置界面添加对应的 IP 地址和网关，并在 1 台路由器的配置界面添加对应的 IP 地址，各端口 IP 信息对应表见表 7–3。

表 7-3　各端口 IP 信息对应表

设备名	端口	IP 地址	网关
服务器	网卡	192.168.1.1	192.168.1.254
R1	GigabitEthernet0/0/0	192.168.1.254	—
	GigabitEthernet0/0/1	2.2.2.1	—
客户机	网卡	2.2.2.2	2.2.2.1

2. 在 R1 的 GigabitEthernet0/0/1 端口上设置端口映射

将内部服务器地址 192.168.0.1 的 80 端口与外部网络地址 2.2.2.3 的 80 端口建立映射关系，具体命令如下。

```
[R1]nat server protocol tcp global 2.2.2.3 80 inside 192.168.0.1 80
```

3. 在服务器中配置 HTTP 服务

双击拓扑区的服务器打开对应界面，在“服务器信息”选项卡的“HttpServer”模块中配置 HTTP 服务，如图 7-13 所示。

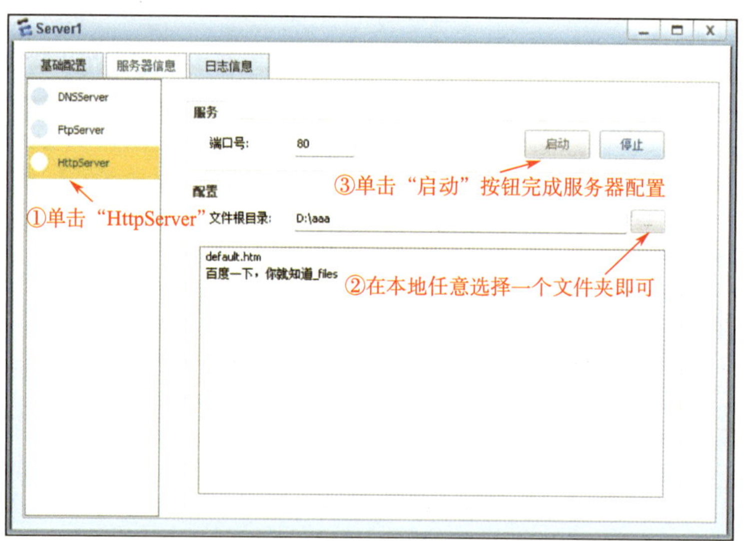

图 7-13　在服务器中配置 HTTP 服务

4. 通信测试

（1）在客户机上 Ping 服务器地址 2.2.2.3，可以观察到 Ping 不通（因为 ICMP 协议并没有映射到外部网络）。

（2）双击拓扑区的客户机打开对应界面，在“客户端信息”选项卡的“HttpClient”

模块中配置 HTTP 服务，如图 7–14 所示。

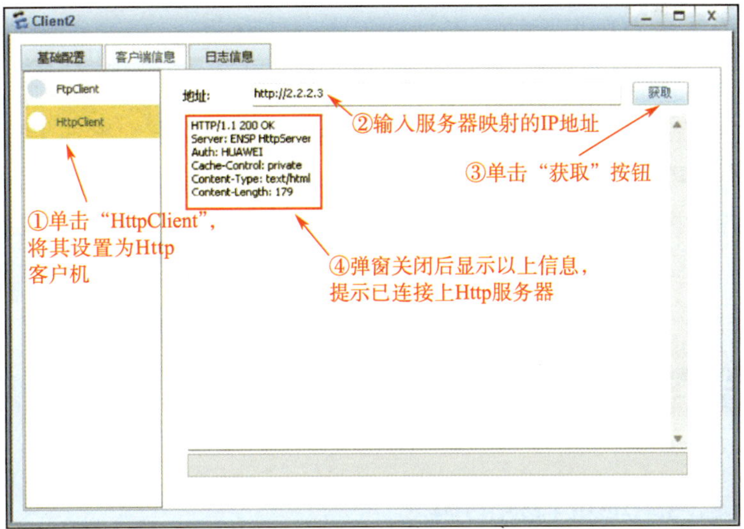

图 7–14　在客户机中配置 HTTP 服务

（3）在 R1 中添加一条 ICMP 协议的端口映射，具体命令如下。

```
[R1]nat server protocol icmp global 2.2.2.3 inside 192.168.0.1
```

（4）可以观察到客户机上可以 Ping 通服务器地址 2.2.2.3 了（因为此时添加了 ICMP 协议的端口映射）。

任务 3　动态网络地址转换

1. 了解动态网络地址转换的概念。
2. 掌握配置动态网络地址转换的命令。
3. 掌握查看动态网络地址转换的命令。

EasyIP 的网络地址转换是多对一的网络地址转换，内部网络的主机共用一个外部地址访问外部网络；静态网络地址转换则是一对一的网络地址转换，内部网络指定的主机使用各自指定的外部地址访问外部网络，那么，有没有多对多的网络地址转换呢?

一、动态网络地址转换的概念

静态 NAT 的地址映射是严格的一对一形式，这就导致在内部网络主机长时间离线或不发送数据时，与之对应的公有地址也处于使用状态。为了避免地址浪费，动态 NAT 提出了地址池的概念，即将所有可用的公有地址组成地址池，当内部主机访问外部网络时，为其临时分配一个地址池中未被使用的地址，并将该地址标记为“In Use”状态，当该内部主机不再访问外部网络时，回收分配的地址，并将该地址重新标记为“Not Use”状态。

二、动态网络地址转换的方式

1. No-PAT 方式

No-PAT 方式只转化源地址和网络地址，不转化端口，属于多对多转换，在这种方式下，不同的数据包使用地址池中不同的外部地址，一旦地址池中的地址用完，就无法访问外部网络了。所以 No-PAT 方式需要大量的外部 IP 地址，并不节约，一般较少被使用。

2. 网络地址和端口翻译（Network Address and Port Translation, NAPT）方式

NAPT 方式既转换源地址又转换源端口，属于多对多转换（Smart NAT），其工作原理如下。

（1）设备在收到 Host 发送的报文后查找 NAT 策略，发现 NAT 策略后对报文进行地址转换。

（2）设备从 NAT 地址池中选择一个外部网络 IP 地址替换报文的源 IP 地址，并使用新的端口号替换报文的源端口号，然后建立会话表，将报文发送至外部网络。

（3）设备在收到响应 Host 的新报文后，查找和匹配会话表中的项目，将新报文的目标地址替换为 Host 的 IP 地址，将新报文的目的端口号替换为原报文的源端口号，然后将新报文发送至内部网络。

NAPT 方式可以解决 Easy IP 方式中只能转换为一个地址的缺点，可使用多个外部地址满足内部网络大量地址转换的需求，提供更稳定的外部网络访问。

三、动态网络地址转换的相关命令

1. 创建地址池

具体命令如下。

```
nat address-group ｛地址池编号｝｛开始地址｝｛结束地址｝
```

例如，创建编号为 1，地址范围为 1.1.1.1 ~ 1.1.1.50 的地址池，命令为：[Huawei] nat address-group 1 1.1.1.1 1.1.1.50。

2. 配置地址转换 ACL

具体命令参考 ACL 相关内容。

3. 在端口上配置带地址池的 NAT

转入接口视图，具体命令如下。

```
nat outbound {acl 编号} address-group ｛地址池编号｝{no-pat}
```

使用 NAPT 方式时，省略最后的 no-pat 即可。例如，在 GigabitEthernet0/0/1 接口上调用 ACL 2000 使用编号为 1 的地址池进行动态 NAPT 的命令为：[Huawei-GigabitEthernet0/0/1]nat outbound 2000 address-group 1。

一、任务描述

本任务要求实现公司内部网络计算机分别使用 No-PAT 和 NAPT 方式的动态 NAT 访问外部网络。

本任务所需的实验设备主要有：路由器 2 台（R1、R2），交换机 1 台，带有网卡的 PC 2 台（PC1、PC2），直连网线 4 条，以及电源线若干。

本任务的实验拓扑图如图 7–2 所示。

二、操作步骤

1. 配置 IP 地址、PC 网关、路由器名称和各端口 IP 地址

参考项目七任务 1 中的步骤，配置 IP 地址，PC 网关，路由器 R1、R2 名称和各端口 IP 地址。

2. 创建 NAT 地址池

创建 NAT 的地址池 1，用于内部网络 PC 的动态 NAT，具体命令如下。

```
[R1]nat address-group 1 200.200.200.100 200.200.200.109
```

3. 创建使用动态 NAT 的 ACL

为内部网络计算机 PC1 和 PC2 创建可以使用动态 NAT 的 ACL，设置只允许 PC1 和 PC2 使用 NAT，具体命令如下。

```
[R1]Acl 2000
[R1-acl-basic-2000]rule permit source 192.168.0.1 0.0.0.255
[R1-acl-basic-2000]rule deny
```

4. 在 R1 的 GigabitEthernet0/0/1 端口上设置动态 NAT

设置动态 NAT 为 No–PAT 方式，在出方向上绑定 ACL 2000 和地址池 1，具体命令如下。

```
[R1]interface GigabitEthernet0/0/1
[R1-GigabitEthernet0/0/1]nat outbound 2000 address-group 1 no-pat
```

5. 通信测试

在 PC1 和 PC2 上执行 ping 1.1.1.1 –t 命令，可见有时会丢包，有时能够连通，测试结果如图 7–15 所示。

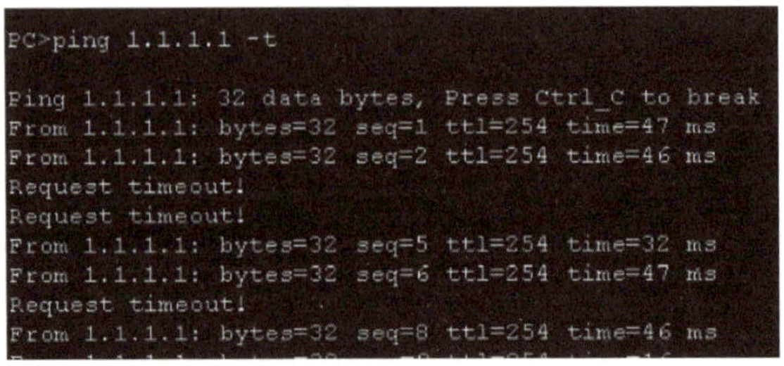

```
PC>ping 1.1.1.1 -t

Ping 1.1.1.1: 32 data bytes, Press Ctrl_C to break
From 1.1.1.1: bytes=32 seq=1 ttl=254 time=47 ms
From 1.1.1.1: bytes=32 seq=2 ttl=254 time=46 ms
Request timeout!
Request timeout!
From 1.1.1.1: bytes=32 seq=5 ttl=254 time=32 ms
From 1.1.1.1: bytes=32 seq=6 ttl=254 time=47 ms
Request timeout!
From 1.1.1.1: bytes=32 seq=8 ttl=254 time=46 ms
```

图 7–15 通信测试结果

6. 数据分析

在 R1 的 GigabitEthernet0/0/1 端口使用 Wireshark 抓包，结果如图 7-16 所示。

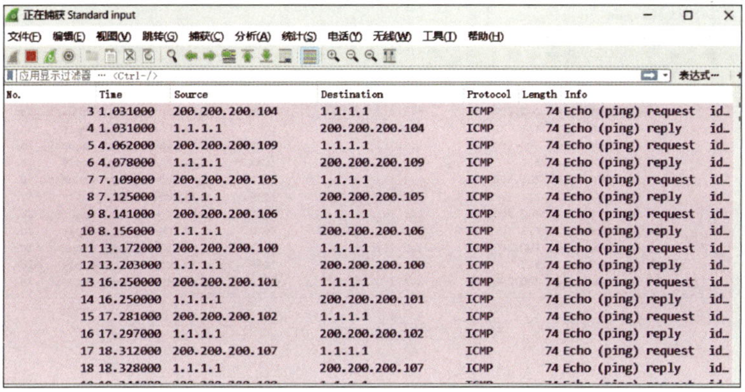

No.	Time	Source	Destination	Protocol	Length	Info
3	1.031000	200.200.200.104	1.1.1.1	ICMP	74	Echo (ping) request id…
4	1.031000	1.1.1.1	200.200.200.104	ICMP	74	Echo (ping) reply id…
5	4.062000	200.200.200.109	1.1.1.1	ICMP	74	Echo (ping) request id…
6	4.078000	1.1.1.1	200.200.200.109	ICMP	74	Echo (ping) reply id…
7	7.109000	200.200.200.105	1.1.1.1	ICMP	74	Echo (ping) request id…
8	7.125000	1.1.1.1	200.200.200.105	ICMP	74	Echo (ping) reply id…
9	8.141000	200.200.200.106	1.1.1.1	ICMP	74	Echo (ping) request id…
10	8.156000	1.1.1.1	200.200.200.106	ICMP	74	Echo (ping) reply id…
11	13.172000	200.200.200.100	1.1.1.1	ICMP	74	Echo (ping) request id…
12	13.203000	1.1.1.1	200.200.200.100	ICMP	74	Echo (ping) reply id…
13	16.250000	200.200.200.101	1.1.1.1	ICMP	74	Echo (ping) request id…
14	16.250000	1.1.1.1	200.200.200.101	ICMP	74	Echo (ping) reply id…
15	17.281000	200.200.200.102	1.1.1.1	ICMP	74	Echo (ping) request id…
16	17.297000	1.1.1.1	200.200.200.102	ICMP	74	Echo (ping) reply id…
17	18.312000	200.200.200.107	1.1.1.1	ICMP	74	Echo (ping) request id…
18	18.328000	1.1.1.1	200.200.200.107	ICMP	74	Echo (ping) reply id…

图 7-16　R1 的 GigabitEthernet0/0/1 端口的抓包结果

由图 7-15 和图 7-16 的结果可知，不同的 Ping 数据包使用地址池中不同的 IP 地址访问外部网络，当地址池的地址用完时，就会出现丢包。当地址池的地址被释放后，就又可以进行外部网络的访问了。所以，这种 NAT 方式需要大量的外部网络地址。

7. 使用 NAPT 的方式进行动态 NAT

先在 GigabitEthernet0/0/1 端口删除原本的 No-PAT 方式，再使用 NAPT 方式，具体命令如下。

```
[R1]interface GigabitEthernet0/0/1
[R1-GigabitEthernet0/0/1]undo nat outbound 2000 address-group 1 no-pat
[R1-GigabitEthernet0/0/1]nat outbound 2000 address-group 1
```

8. 再次通信测试

再次在 PC1 和 PC2 上执行 ping 1.1.1.1 –t 命令，这次不会再有丢包现象了，测试结果如图 7-17 所示。

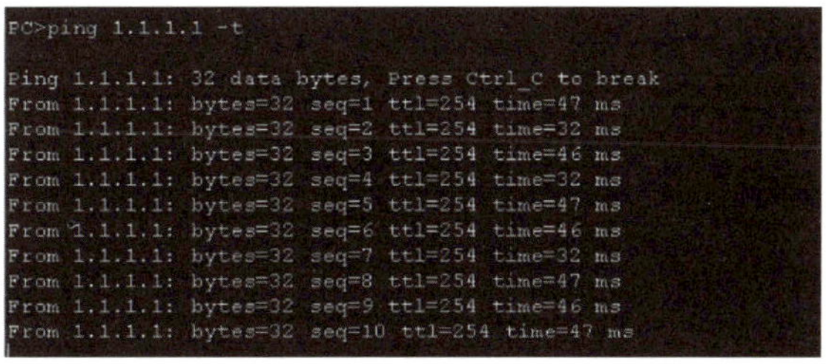

```
PC>ping 1.1.1.1 -t

Ping 1.1.1.1: 32 data bytes, Press Ctrl_C to break
From 1.1.1.1: bytes=32 seq=1 ttl=254 time=47 ms
From 1.1.1.1: bytes=32 seq=2 ttl=254 time=32 ms
From 1.1.1.1: bytes=32 seq=3 ttl=254 time=46 ms
From 1.1.1.1: bytes=32 seq=4 ttl=254 time=32 ms
From 1.1.1.1: bytes=32 seq=5 ttl=254 time=47 ms
From 1.1.1.1: bytes=32 seq=6 ttl=254 time=46 ms
From 1.1.1.1: bytes=32 seq=7 ttl=254 time=32 ms
From 1.1.1.1: bytes=32 seq=8 ttl=254 time=47 ms
From 1.1.1.1: bytes=32 seq=9 ttl=254 time=46 ms
From 1.1.1.1: bytes=32 seq=10 ttl=254 time=47 ms
```

图 7-17　通信测试结果

9. 再次数据分析

再次在 R1 的 GigabitEthernet0/0/1 端口使用 Wireshark 抓包，结果如图 7-18 所示。

正在捕获 Standard input

文件(F) 编辑(E) 视图(V) 跳转(G) 捕获(C) 分析(A) 统计(S) 电话(Y) 无线(W) 工具(T) 帮助(H)

应用显示过滤器 … <Ctrl-/> 表达式…

No.	Time	Source	Destination	Protocol	Length	Info
1	0.000000	200.200.200.106	1.1.1.1	ICMP	74	Echo (ping) request id…
2	0.000000	1.1.1.1	200.200.200.106	ICMP	74	Echo (ping) reply id…
3	1.032000	200.200.200.106	1.1.1.1	ICMP	74	Echo (ping) request id…
4	1.047000	1.1.1.1	200.200.200.106	ICMP	74	Echo (ping) reply id…
5	2.063000	200.200.200.106	1.1.1.1	ICMP	74	Echo (ping) request id…
6	2.063000	1.1.1.1	200.200.200.106	ICMP	74	Echo (ping) reply id…
7	3.110000	200.200.200.106	1.1.1.1	ICMP	74	Echo (ping) request id…
8	3.110000	1.1.1.1	200.200.200.106	ICMP	74	Echo (ping) reply id…
9	4.141000	200.200.200.106	1.1.1.1	ICMP	74	Echo (ping) request id…
10	4.141000	1.1.1.1	200.200.200.106	ICMP	74	Echo (ping) reply id…
11	5.172000	200.200.200.106	1.1.1.1	ICMP	74	Echo (ping) request id…

图 7-18　R1 的 GigabitEthernet0/0/1 端口的抓包结果

由图 7-17 和图 7-18 的结果可知，现在内部网络计算机可以使用地址池中相同的地址（见图 7-18 中的地址 200.200.200.106）访问外部网络，在使用 NAPT 方式的动态 NAT 时，内部网络计算机不但可以使用地址池中的不同地址，还可以使用不同的端口访问外部网络。

项目八
常用网络服务与应用

任务 1　动态主机配置协议配置

1. 了解动态主机配置协议的概念和地址池。
2. 掌握配置动态主机配置协议的方法和命令。
3. 实现动态主机配置协议的配置。

随着企业网络的不断扩大和设备数量的不断增加，网络工程师手动配置静态 IP 地址的工作量增加，易出现 IP 地址冲突或网络不稳定等问题。动态主机配置协议（Dynamic Host Configuration Protocol，DHCP）可使网络中的设备自动获取网络配置信息，简化了网络配置的流程，减少了出现错误和冲突的概率。通过 DHCP，网络工程师可以集中管理 IP 地址和网络参数，无须在设备上逐个进行手动配置。

一、动态主机配置协议

动态主机配置协议（DHCP）是局域网的网络协议，通过用户数据协议（User Datagram Protocol，UDP）工作。DHCP 通常用于集中管理网络环境中的 IP 地址、子网掩码、默认网关和 DNS 服务器等相关信息，并允许局域网中的设备自动获取配置信息，无须手动配置。

二、动态主机配置协议地址池

在路由器中，存在如下两种地址池。

1. 接口地址池

接口地址池为连接到同一网段的主机或终端分配 IP 地址信息。在服务器（路由器）的接口执行 dhcp select interface 命令，可配置 DHCP 服务器使用接口地址池模式为客户端分配 IP 地址。

2. 全局地址池

全局地址池为所有连接到 DHCP 服务器的终端分配 IP 地址信息。在服务器（路由器）的接口执行 dhcp select global 命令，可配置 DHCP 服务器使用全局地址池模式为客户端分配 IP 地址。

三、动态主机配置协议建立租约的过程

DHCP 采用客户端 / 服务器（Client/Server，C/S）架构的通信模式，其中，服务器负责存储和分配 IP 地址信息，客户端则请求和获取服务器上的 IP 地址信息。DHCP 租约的建立过程如下。

1. 客户端广播发出 DHCP DISCOVER 报文，寻找 DHCP 服务器。

2. 服务器接收到 DHCP DISCOVER 报文后，发送携带配置信息的 DHCP OFFER 报文回应。

3. 客户端收到 DHCP OFFER 报文后，再次向服务器发送 DHCP REQUEST 报文进行配置确认（如果存在多台 DHCP 服务器，客户端会与最先接收到 DHCP OFFER 报文对应的服务器建立租约关系）。

4. 服务器接收到 DHCP REQUEST 报文后，发送 DHCP ACK 报文回应。

5. 客户端接收到 DHCP ACK 报文后，发送 ARP 报文检查网络中是否有其他主机使用此 IP 地址信息，若在规定时间内未接收到 ARP 应答，客户端会直接使用此 IP 地

址。如果有其他主机正在使用此 IP 地址，客户端会向服务器发送 DHCP 拒绝报文，通知服务器此 IP 地址已被占用，并向服务器重新申请 IP 地址。

四、动态主机配置协议续约的过程

客户端向服务器申请 IP 地址后，会生成三个定时器，分别用于控制租期更新、租期重新绑定，以及租期失效。如果服务器没有指定定时器的数值，客户端会使用缺省值，缺省值的租期为 1 天。在默认情况下，租期剩余 50% 时，客户端会开始租约更新。

五、动态主机配置协议的地址分配机制

DHCP 主要有三种 IP 地址分配方式，具体如下。

1. 自动分配方式（Automatic Allocation）

服务器给客户端分配一个永久性的 IP 地址，一旦客户端成功获取此地址后将可以永久使用它。

2. 动态分配方式（Dynamic Allocation）

服务器给客户端分配一个具有租期时间的 IP 地址，租期到期或客户端主动释放后，此地址可以被其他客户端使用。

3. 手工分配方式（Manual Allocation）

网络工程师指定各客户端的 IP 地址，通过服务器将指定的 IP 地址告知客户端。

六、动态主机配置协议的配置命令

DHCP 的相关配置必须在系统视图下完成，具体如下。

1. 开启 DHCP 功能

具体命令如下。

```
dhcp enable
```

2. 创建 DHCP 地址池

具体命令如下。

```
ip pool {地址池名称}
```

例如，当地址池名称为 pool1 时，命令为：ip pool pool1。

3. 配置地址池的 IP 地址范围

具体命令如下。

```
network {网络地址} mask {子网掩码}
```

例如，当网络地址为 192.168.1.0，子网掩码为 24 位时，命令为：network 192.168.1.0 mask 24。

4. 配置网关地址

具体命令如下。

```
gateway-list {网关地址}
```

例如，当网关地址为 192.168.1.254 时，命令为：gateway-list 192.168.1.254。

5. 配置 DNS 服务器

具体命令如下。

```
dns-list {DNS 地址}
```

例如，当 DNS 地址为 8.8.8.8 时，命令为：dns-list 8.8.8.8。

6. 配置租约时间

具体命令如下。

```
lease day {租约时间}
```

例如，当租约时间为 10 天时，命令为：lease day 10。

7. 在端口调用 DHCP

具体命令如下。

```
dhcp select {全局模式或接口模式}
```

例如，当需要配置全局模式时，命令为：dhcp select global。

一、任务描述

本任务要求实现 AR1 为 DHCP 服务器，PC1、PC2 为 DHCP 客户端，在 AR1 中配置名称为 pool1 的地址池，分配地址为 192.168.1.0 网段，网关地址为 192.168.1.254，

DNS为8.8.8.8，租约为10天。PC1、PC2必须自动获取192.168.1.0网段地址和8.8.8.8的DNS。此任务只需配置AR1，LSW1只作为PC1、PC2的接入设备，不进行任何配置。

本任务所需的实验设备主要有：AR2220路由器1台，S3700交换机1台，带有网卡的PC 2台，直连网线3条，以及电源线若干。

本任务的实验拓扑图如图8-1所示。

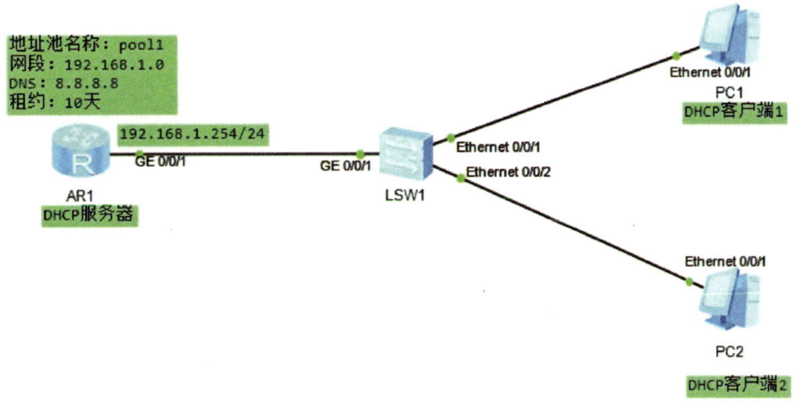

图8-1　实验拓扑图

二、操作步骤

1. 配置IP地址

根据本任务要求，在2台PC和1台路由器的配置界面添加对应的IP地址，各端口IP信息对应表见表8-1。

表8-1　各端口IP信息对应表

设备名	端口	IP地址	子网掩码	默认网关
PC1	网卡	DHCP	DHCP	DHCP
PC2	网卡	DHCP	DHCP	DHCP
AR1	GigabitEthernet0/0/1	192.168.1.254	255.255.255.0	—

2. 进入AR1系统视图修改名称

具体命令如下。

```
<Huawei>system-view
[Huawei]sysname AR1
```

3. 在 AR1 的 GigabitEthernet0/0/1 端口配置网关地址

具体命令如下。

```
[AR1]interface GigabitEthernet0/0/1
[AR1-GigabitEthernet0/0/1]ip address 192.168.1.254 24
[AR1-GigabitEthernet0/0/1]quit
```

4. 在 AR1 中配置 DHCP 服务器并设置参数

具体命令如下。

```
[AR1]dhcp enable
[AR1]ip pool pool1
[AR1-ip-pool-pool1]network 192.168.1.0 mask 24
[AR1-ip-pool-pool1]gateway-list 192.168.1.254
[AR1-ip-pool-pool1]dns-list 8.8.8.8
[AR1-ip-pool-pool1]lease day 10
[AR1-ip-pool-pool1]quit
[AR1]interface GigabitEthernet0/0/1
[AR1-GigabitEthernet0/0/1]dhcp select global
[AR1-GigabitEthernet0/0/1]quit
```

5. 检查配置结果

上述操作已完成 DHCP 服务器的配置，此时可通过 display current-configuration 命令检查 AR1 的全局信息，具体命令如下。

```
[AR1]display current-configuration
```

执行此命令后，AR1 的全局信息如图 8-2 所示。

可见，在 AR1 的全局信息中，已出现名为 pool1 的 DHCP 地址池，网关地址、网段、租约、DNS 均已按要求配置，在 GigabitEthernet0/0/1 端口中网关地址和全局 DHCP 也已配置完毕。

6. IP 地址信息获取测试

（1）在 PC1 和 PC2 的“基础配置”选项卡的“IPv4 配置”模块中选择“DHCP”，并单击“应用”按钮，如图 8-3、图 8-4 所示。

（2）使用 PC1 和 PC2 进行测试。使用 ipconfig 命令分别检测两台 PC 是否能自动获取相应 IP 地址信息，测试结果如图 8-5、图 8-6 所示。

通过测试结果可知，PC1 和 PC2 已经可以正常获取相应 IP 地址信息，DHCP 服务器配置成功。

```
[AR1]display current-configuration
[V200R003C00]
#
 sysname AR1
#
 snmp-agent local-engineid 800007DB03000000000000
 snmp-agent
#
 clock timezone China-Standard-Time minus 08:00:00
#
portal local-server load portalpage.zip
#
 drop illegal-mac alarm
#
 undo info-center enable
#
 set cpu-usage threshold 80 restore 75
#
dhcp enable
#
ip pool pool1
 gateway-list 192.168.1.254
 network 192.168.1.0 mask 255.255.255.0
 lease day 10 hour 0 minute 0
 dns-list 8.8.8.8
#
aaa
 authentication-scheme default
 authorization-scheme default
 accounting-scheme default
 domain default
 domain default_admin
 local-user admin password cipher %$%$K8m.Nt84DZ}e#<0`8bmE3Uw}%$%$
 local-user admin service-type http
#
firewall zone Local
 priority 15
#
interface GigabitEthernet0/0/0
#
interface GigabitEthernet0/0/1
 ip address 192.168.1.254 255.255.255.0
 dhcp select global
#
interface GigabitEthernet0/0/2
#
interface NULL0
#
user-interface con 0
 authentication-mode password
user-interface vty 0 4
user-interface vty 16 20
#
wlan ac
#
return
```

图 8-2　AR1 的全局信息

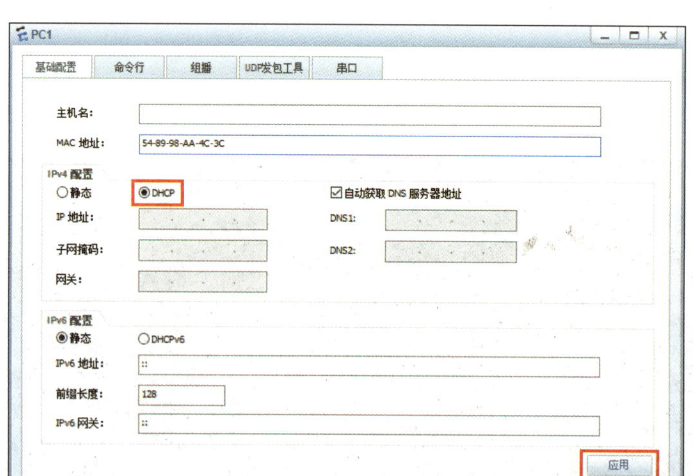

图 8-3 PC1“基础配置”选项卡

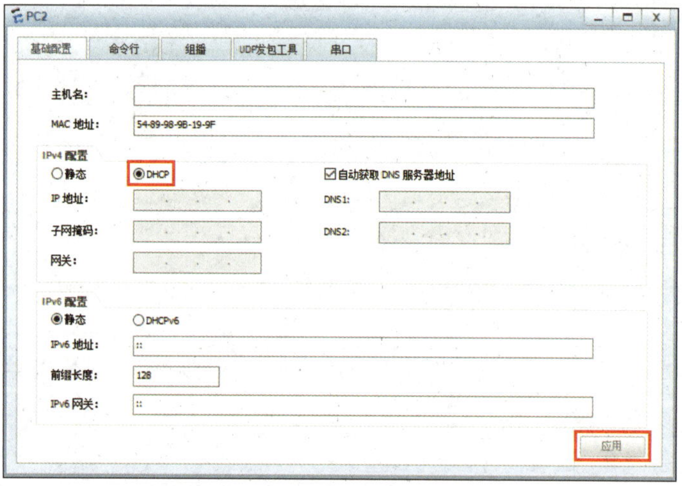

图 8-4 PC2“基础配置”选项卡

```
PC>ipconfig

Link local IPv6 address..........: fe80::5689:98ff:feaa:4c3c
IPv6 address.....................: :: / 128
IPv6 gateway.....................: ::
IPv4 address.....................: 192.168.1.253
Subnet mask......................: 255.255.255.0
Gateway..........................: 192.168.1.254
Physical address.................: 54-89-98-AA-4C-3C
DNS server.......................: 8.8.8.8
```

图 8-5 PC1 的 IP 地址信息获取测试结果

```
PC>ipconfig

Link local IPv6 address..........: fe80::5689:98ff:fe9b:199f
IPv6 address.....................: :: / 128
IPv6 gateway.....................: ::
IPv4 address.....................: 192.168.1.252
Subnet mask......................: 255.255.255.0
Gateway..........................: 192.168.1.254
Physical address.................: 54-89-98-9B-19-9F
DNS server.......................: 8.8.8.8
```

图 8-6 PC2 的 IP 地址信息获取测试结果

任务 2　远程上机协议配置

1. 了解远程上机协议的概念和特点。
2. 掌握远程上机协议的工作过程和配置命令。
3. 实现远程上机协议的配置。

在现代网络环境中，交换路由设备的远程管理和配置已变成一种日常工作，远程上机协议允许用户通过网络远程登录设备进行配置和管理操作。远程上机协议配置并非简单的从零到一的过程，而是涉及多个步骤与参数的设置。

一、远程上机协议的概念和特点

远程上机协议（Telnet Protocol）是 TCP/IP 协议族中的一员，也是 Internet 远程登录服务的标准协议和主要方式，它允许用户通过互联网或局域网，从一台设备远程登录到另一台设备，进行远程管理、命令执行等操作。

Telnet Protocol 的特点如下。

1. 纯文本传输

Telnet Protocol 使用纯文本格式传输数据，用户在不同的操作系统与不同设备之间的通信不会受限，不存在数据格式不兼容的问题。

2. 远程管理

Telnet Protocol 通过网络远程管理和配置交换路由设备，用户可以远程访问设备的控制台，进行各种操作。

3. 默认端口号

Telnet Protocol 默认使用 TCP 协议中的 23 号端口进行通信。

二、远程上机协议的工作过程

Telnet Protocol 的工作过程如下。

1. 建立连接

因为 Telnet Protocol 基于 TCP 协议，所以建立连接的过程实际上就是建立 TCP 连接的过程。用户需要在本地设备上安装并启动 Telnet Protocol 客户端，输入目标设备的 IP 地址或域名来建立连接。

小提示

需要注意的是，Telnet Protocol 客户端在 Windows 系统中并不是默认安装的，需要执行“控制面板”→“程序和功能”→“启动或关闭 Windows 功能”命令，在“启动或关闭 Windows 功能”界面中手动安装“Telnet Client”后方能使用。

2. 输入密码

连接成功后，用户需要在本地设备中输入用户名和密码进行身份认证，输入的信息会被直接传送到远程主机上。

3. 认证并返回结果

远程主机进行认证后，无论是否通过认证，它都会向本地终端回复数据，包括输入的命令和命令执行的结果。

4. 撤销连接

当用户完成远程登录和配置操作后，可通过撤销连接结束 Telnet Protocol 会话，此过程实际上是一个 TCP 连接的撤销过程。

三、远程上机协议的应用场景和配置目的

1. Telnet Protocol 的应用场景

（1）大型网络项目

在大型网络项目中，项目所在的实际建筑可能包含数十层楼，每层楼都部署多台交换机和路由器。如果对这些设备逐一进行现场配置，将会耗费大量的人力和时间。通过配置 Telnet Protocol 远程登录，网络工程师就可以不用移动位置，通过 Telnet Protocol 远程登录对设备进行配置，从而提高工作效率。

（2）远程管理设备

对于分散在不同地点的交换路由设备，现场管理的方式效率低下，该方式已经彻

底无法满足现在的需求。如果通过配置 Telnet Protocol 远程登录，网络工程师就可以实现对交换路由设备的远程管理和配置，无须亲自前往现场，节约时间成本。

2. Telnet Protocol 的配置目的

（1）远程访问设备

网络工程师无须前往现场，通过 Telnet Protocol 远程登录即可对设备进行配置管理。

（2）配置设备参数

通过 Telnet Protocol 远程登录后，网络工程师可直接对交换路由设备进行 VLAN、IP 地址、ACL 等各种参数的配置和修改。

（3）监控设备状态

通过 Telnet Protocol 远程登录后，网络工程师可实时检查设备的运行情况和日志等信息，及时发现、解决问题。

四、远程上机协议的认证方式

在配置 Telnet Protocol 的用户登录界面时，必须配置相关的认证方式，否则无法成功登录设备。Telnet Protocol 的认证模式如下。

1. AAA 认证

该模式通过 AAA 鉴权服务进行认证，需要配置用户名、密码、等级、服务模式等参数。

2. Password 认证

该模式使用 Password 认证，用户登录时只需输入登录密码即可。

五、远程上机协议的配置命令

Telnet Protocol 的相关配置必须在系统视图下完成，具体如下。

1. 配置用户接口和虚拟终端连接（VTY）

配置用户接口和 VTY，默认开启 5 个会话，具体命令如下。

```
user-interface vty 0 4
```

2. 配置认证模式

具体命令如下。

```
authentication-mode {认证模式}
```

例如，当认证模式为 Password 时，命令为：authentication-mode password。

3. 配置密码和加密模式

具体命令如下。

```
set authentication password {加密模式} {密码}
```

例如，当配置密文模式、密码为 admin 时，命令为：set authentication password cipher admin。其中，“cipher”表示加密模式为密文模式。

4. 配置远程等级

具体命令如下。

```
user privilege level {远程等级}
```

例如，当配置远程等级为 15 级时，命令为：user privilege level 15。

小提示

需要注意的是，不同设备的远程等级也不同，有些设备只有 0～3 级，有些设备则有 0～15 级，需要根据自身所需等级进行配置。

一、任务描述

本任务要求实现在路由器 AR1 和 AR2 连接的端口上均配置 IP 地址，AR1 需要以 Password 认证方式配置 Telnet Protocol 功能，密码为 admin，并配置密文模式，远程等级为 15 级，AR2 则作为客户端使用 Telnet Protocol 远程登录 AR1。

本任务所需的实验设备主要有：AR2220 路由器 2 台，直连网线 1 条，以及电源线若干。

本任务的实验拓扑图如图 8-7 所示。

图 8-7　实验拓扑图

二、操作步骤

1. 配置 IP 地址

根据本任务要求，在 2 台路由器的配置界面添加对应的 IP 地址，各端口 IP 信息对应表见表 8-2。

表 8-2　各端口 IP 信息对应表

设备	端口	IP 地址	子网掩码	网关
AR1	GigabitEthernet0/0/1	192.168.1.1	255.255.255.0	—
AR2	GigabitEthernet0/0/1	192.168.1.2	255.255.255.0	—

2. 进入 AR1、AR2 系统视图修改名称

（1）AR1 的具体命令如下。

```
<Huawei>system-view
[Huawei]sysname AR1
```

（2）AR2 的具体命令如下。

```
<Huawei>system-view
[Huawei]sysname AR2
```

3. 在 AR1、AR2 中配置各端口 IP 地址

（1）AR1 的具体命令如下。

```
[AR1]interface GigabitEthernet0/0/1
[AR1-GigabitEthernet0/0/1]ip address 192.168.1.1 24
[AR1-GigabitEthernet0/0/1]quit
```

（2）AR2 的具体命令如下。

```
[AR2]interface GigabitEthernet0/0/1
[AR2-GigabitEthernet0/0/1]ip address 192.168.1.2 24
[AR2-GigabitEthernet0/0/1]quit
```

4. 在 AR1 中配置 Telnet Protocol 远程登录

具体命令如下。

```
[AR1]user-interface vty 0 4
[AR1-ui-vty0-4]authentication-mode password
```

```
Please configure the login password(maximum length 16);admin
[AR1-ui-vty0-4]set authentication password cipher admin
[AR1-ui-vty0-4]user privilege level 15
[AR1-ui-vty0-4]quit
```

5. 检查配置结果

上述操作已完成 Telnet Protocol 的配置，此时可通过 display current-configuration 命令检查 AR1 的全局信息，具体命令如下。

```
[AR1]display current-configuration
```

执行此命令后，AR1 的全局信息如图 8-8 所示。

```
[AR1]display current-configuration
[V200R003C00]
#
 sysname AR1
#
 snmp-agent local-engineid 800007DB03000000000000
 snmp-agent
#
 clock timezone China-Standard-Time minus 08:00:00
#
portal local-server load portalpage.zip
#
 drop illegal-mac alarm
#
 undo info-center enable
#
 set cpu-usage threshold 80 restore 75
#
aaa
 authentication-scheme default
 authorization-scheme default
 accounting-scheme default
 domain default
 domain default_admin
 local-user admin password cipher %$%$K8m.Nt84DZ}e#<0`8bmE3Uw}%$%$
 local-user admin service-type http
#
firewall zone Local
 priority 15
#
interface GigabitEthernet0/0/0
#
interface GigabitEthernet0/0/1
 ip address 192.168.1.1 255.255.255.0
#
interface GigabitEthernet0/0/2
#
interface NULL0
#
user-interface con 0
 authentication-mode password
user-interface vty 0 4
 authentication-mode password
 user privilege level 15
 set authentication password cipher %$%$WA8;5~:zH)(4<T34$D}M,.E&S4fvWgGCFLs@vA:[
ru7:.E),%$%$
user-interface vty 16 20
#
wlan ac
#
return
```

图 8-8　AR1 的全局信息

从 AR1 的全局信息中可见，已成功以 Password 认证方式配置 Telnet Protocol 功能，密码为 admin，并配置密文模式，远程等级为 15 级。

6. 远程登录测试

使用 AR2 对 AR1 进行 Telnet Protocol 远程登录测试，测试结果如图 8-9 所示。

```
<AR2>telnet 192.168.1.1
  Press CTRL_] to quit telnet mode
  Trying 192.168.1.1 ...
  Connected to 192.168.1.1 ...

Login authentication


Password:
<AR1>system-view
Enter system view, return user view with Ctrl+Z.
[AR1]
```

图 8-9　AR2 对 AR1 远程登录测试结果

小提示

此处有两点注意事项：

（1）使用 Telnet 时，必须处于用户视图，在系统视图中无法使用 Telnet。

（2）在 Password 界面输入密码时，不会显示出密码原文或“*”号。

任务 3　交换机端口安全机制

1. 了解交换机端口安全机制的概念和作用。
2. 掌握配置交换机端口安全机制的方法和命令。
3. 实现交换机端口安全机制的配置。

随着网络技术的不断发展，网络安全的重要性日渐提升。在企业的网络环境中，交换机作为核心设备之一，承担着数据传输和通信的关键任务，但由于网络环境的复杂性和不确定性，交换机端口面临着来自各方面的安全威胁，如非法接入、MAC 欺骗等。采用交换机端口安全机制配置，可保证网络的安全和稳定。

一、交换机端口安全机制的概念

交换机端口安全机制是基于 MAC（物理地址）的一种安全机制，它通过检测数据帧的源 MAC 来控制非授权设备的网络访问。在配置交换机端口安全机制时，网络工程师可根据安全策略配置某个端口的访问权限，也可以限制特定设备只能从特定端口接入网络，以有效防止非法接入和 MAC 欺骗等攻击行为，有效提高网络的安全级别。

二、交换机端口安全机制的作用

1. 防止设备非法接入

交换机端口安全机制会绑定某个端口和接入终端设备的 MAC。在此情况下，只有经过授权的 MAC 可以通过对应端口接入网络。此机制可有效地阻止非法用户和未经授权的设备接入网络，提高网络的安全性。

2. 限制接入设备的数量及对违规情况的记录和处理

交换机端口安全机制可限制每个端口允许接入 MAC 的最大数量，通常默认数量为 1。当接入设备数量超过设定 MAC 的最大数量或出现违规接入（如尝试使用未授权的 MAC 设备进行通信）时，交换机会采取相应处理措施，如关闭此端口、限制设备通信或在后台记录此违法行为。

3. 阻止 ARP 攻击

ARP 攻击通常会通过伪造 ARP 响应对网络中的其他设备进行欺骗攻击，交换机端口安全机制通过绑定 MAC 和 IP 地址，在一定程度上使端口使用更安全，大大增加了 ARP 攻击的难度，并且容易寻找被 ARP 攻击的位置。

4. 优化网络管理

交换机端口安全机制可使网络工程师更精确地控制允许接入网络的设备和设备的

接入方式，此功能不仅有助于简化网络管理的流程，还可以提高整体网络的安全性和可维护性。

三、交换机端口安全机制的模式

1. 静态模式

静态模式需要网络工程师手动绑定允许接入端口的设备 MAC，在静态模式下，交换机仅允许指定 MAC 设备接入该端口进行通信。静态模式的优点和缺点如下。

优点：控制精确，只有指定 MAC 设备才可以接入。

缺点：所有设备均需要手动绑定，前期操作较为烦琐。

2. 动态模式

在动态模式中，端口自动记录接入设备的 MAC，在接入数量达到上限后拒绝后续想要接入的其他设备。动态模式的优点和缺点如下。

优点：自动化程度高，减少人为手动的配置工作。

缺点：存在记录错误或被 MAC 欺骗的风险。

3. 最大模式

最大模式类似于动态模式，但在每个端口上可手动配置最大接入数量。最大模式的优点和缺点如下。

优点：在动态模式的基础上增加接入数量限制，灵活性更高。

缺点：同样存在记录错误或被 MAC 欺骗的风险。

四、安全 MAC

1. 安全动态 MAC

安全动态 MAC 是自动记录的 MAC 地址，在其数量达到接入数量上限后，会拒绝其他设备。

2. 安全静态 MAC

安全静态 MAC 是手动配置并绑定的 MAC 地址，仅允许绑定地址的设备接入。

3. Sticky MAC

Sticky MAC（黏性 MAC）是在动态模式下记录的被转换为静态模式的 MAC，即使重启设备也不会丢失。

五、端口安全违规的处理方式

1. 限制通信（Restrict）

当发生违规操作时，此方式会立刻限制违规端口的通信能力，但不会关闭此端口。

2. 通信保护（Protect）

当发生违规操作时，此方式会立刻丢弃违规通信的数据包，但不采取其他措施。

3. 关闭端口（Shutdown）

当发生违规操作时，此方式会直接将违规端口关闭，阻断此端口的任何通信。

六、交换机端口安全机制的配置命令

交换机端口安全机制的相关配置必须在系统视图下完成，具体如下。

1. 配置端口安全功能

具体命令如下。

```
port-security {功能名称}
```

例如，开启端口安全的命令为：port-security enable。

2. 配置端口最大 MAC 数量

具体命令如下。

```
port-security max-mac-num {数量值}
```

例如，当需要配置最大 MAC 数量为 1 时，命令为：port-security max-mac-num 1。

3. 开启 sticky

具体命令如下。

```
port-security mac-address sticky
```

4. 手动绑定 MAC

具体命令如下。

```
port-security mac-address sticky {物理地址} {VLAN ID}
```

例如，当 MAC 为 0000-0000-0000、VLAN ID 为 1 时，命令为：port-security mac-address sticky 0000-0000-0000 vlan 1。

5. 配置端口安全违规的处理方式

具体命令如下。

```
port-security protect-action {处理方式}
```

例如，当出现违规行为，需要直接关闭端口时，命令为：port-security protect-action shutdown。其中，“shutdown”表示处理方式为关闭端口。

一、任务描述

本任务要求实现在交换机 LSW1 中连接两台同属 VLAN 1 的 PC1 和 PC2，由于这两台 PC 的工作接触涉密信息，且 PC1 和 PC2 需要相互通信，为了保证其安全性，需要在 LSW1 连接 PC 的端口上进行端口安全配置，使 GigabitEthernet0/0/1 和 GigabitEthernet0/0/2 端口只允许 MAC 为 5489-980E-5681 的 PC1 和 MAC 为 5489-985F-25DB 的 PC2 使用，一旦出现非法连接，立即关闭端口。若名为 PC3 的非法设备尝试以 PC2 的 IP 地址和端口接入网络，端口安全机制将阻断其连接端口。

本任务所需的实验设备主要有：S5700 三层交换机 1 台，带有网卡的 PC 3 台，直连网线 3 条，以及电源线若干。

本任务的实验拓扑图如图 8-10 所示。

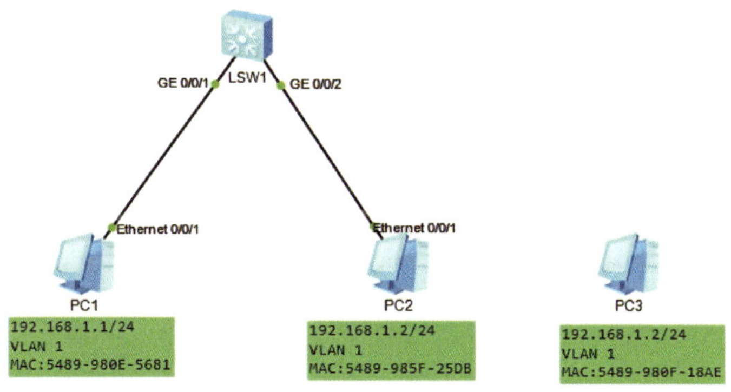

图 8-10　实验拓扑图

二、操作步骤

1. 配置 IP 地址

根据本任务要求，在 3 台 PC 的配置界面添加对应的 IP 地址、MAC 地址和 VLAN 号，各端口 IP、MAC、VLAN 信息对应表见表 8-3。

表 8-3　各端口 IP、MAC、VLAN 信息对应表

设备名	端口	IP 地址	子网掩码	MAC	VLAN
PC1	网卡	192.168.1.1	255.255.255.0	5489-980E-5681	VLAN 1

续表

设备名	端口	IP 地址	子网掩码	MAC	VLAN
PC2	网卡	192.168.1.2	255.255.255.0	5489-985F-25DB	VLAN 1
PC3	网卡	192.168.1.2	255.255.255.0	5489-980F-18AE	VLAN 1

2. 进入 LSW1 系统视图修改名称

具体命令如下。

```
<Huawei>system-view
[Huawei]sysname LSW1
```

3. 在 LSW1 中分别配置 GigabitEthernet0/0/1 和 GigabitEthernet0/0/2 端口安全机制

具体命令如下。

```
[LSW1]interface GigabitEthernet0/0/1
[LSW1-GigabitEthernet0/0/1]port-security enable
[LSW1-GigabitEthernet0/0/1]port-security max-mac-num 1
[LSW1-GigabitEthernet0/0/1]port-security mac-address sticky
[LSW1-GigabitEthernet0/0/1]port-security mac-address sticky 5489-980E-5681 vlan 1
[LSW1-GigabitEthernet0/0/1]port-security protect-action shutdown
[LSW1-GigabitEthernet0/0/1]quit
[LSW1]interface GigabitEthernet0/0/2
[LSW1-GigabitEthernet0/0/2]port-security enable
[LSW1-GigabitEthernet0/0/2]port-security max-mac-num 1
[LSW1-GigabitEthernet0/0/2]port-security mac-address sticky
[LSW1-GigabitEthernet0/0/2]port-security mac-address sticky 5489-985F-25DB vlan 1
[LSW1-GigabitEthernet0/0/2]port-security protect-action shutdown
[LSW1-GigabitEthernet0/0/2]quit
```

4. 检查配置结果

上述操作已完成交换机端口安全机制配置，此时可通过 display current-configuration 命令检查 LSW1 的全局信息，具体命令如下。

```
[LSW1]display current-configuration
```

执行此命令后，LSW1 的全局信息如图 8-11 所示。

```
[LSW1]display current-configuration
#
sysname LSW1
#
undo info-center enable
#
cluster enable
ntdp enable
ndp enable
#
drop illegal-mac alarm
#
diffserv domain default
#
drop-profile default
#
aaa
 authentication-scheme default
 authorization-scheme default
 accounting-scheme default
 domain default
 domain default_admin
 local-user admin password simple admin
 local-user admin service-type http
#
interface Vlanif1
#
interface MEth0/0/1
#
interface GigabitEthernet0/0/1
 port-security enable
 port-security protect-action shutdown
 port-security mac-address sticky
#
interface GigabitEthernet0/0/2
 port-security enable
 port-security protect-action shutdown
 port-security mac-address sticky
#
```

图 8-11　LSW1 的全局信息

可见在 LSW1 中连接 PC1 的 GigabitEthernet0/0/1 端口与连接 PC2 的 GigabitEthernet0/0/2 端口均已按要求配置端口安全机制。

小提示

由于端口安全机制默认最大 MAC 连接数是 1，所以在全局配置中不会显示出来，在实际应用中，如果一个端口只需要绑定一个 MAC，不需要对此特意进行配置。

通过 display mac-address 命令检查 LSW1 的 MAC 表信息，具体命令如下。

```
[LSW1]display mac-address
```

执行此命令后，LSW1 的 MAC 表信息如图 8-12 所示。

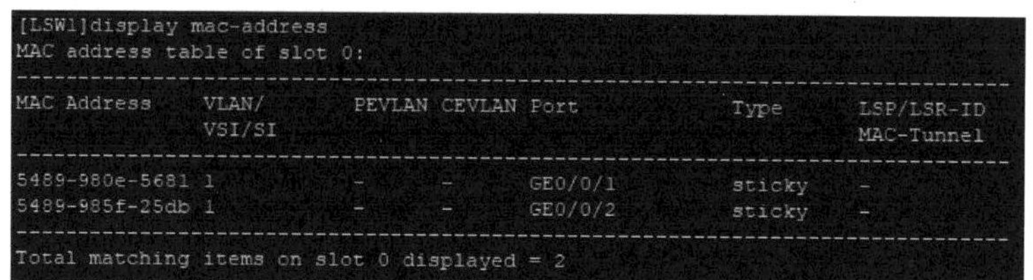

```
[LSW1]display mac-address
MAC address table of slot 0:
-------------------------------------------------------------------------------
MAC Address    VLAN/       PEVLAN CEVLAN Port            Type      LSP/LSR-ID
               VSI/SI                                              MAC-Tunnel
-------------------------------------------------------------------------------
5489-980e-5681 1           -      -      GE0/0/1         sticky    -
5489-985f-25db 1           -      -      GE0/0/2         sticky    -
-------------------------------------------------------------------------------
Total matching items on slot 0 displayed = 2
```

图 8-12 LSW1 的 MAC 表信息

5. 通信测试

（1）使用 PC1 和 PC2 进行测试，使用 Ping 命令检测它们的相互连通性，测试结果如图 8-13、图 8-14 所示。

```
PC>ping 192.168.1.2

Ping 192.168.1.2: 32 data bytes, Press Ctrl_C to break
From 192.168.1.2: bytes=32 seq=1 ttl=128 time=47 ms
From 192.168.1.2: bytes=32 seq=2 ttl=128 time=31 ms
From 192.168.1.2: bytes=32 seq=3 ttl=128 time=47 ms
From 192.168.1.2: bytes=32 seq=4 ttl=128 time=31 ms
From 192.168.1.2: bytes=32 seq=5 ttl=128 time=31 ms

--- 192.168.1.2 ping statistics ---
  5 packet(s) transmitted
  5 packet(s) received
  0.00% packet loss
  round-trip min/avg/max = 31/37/47 ms
```

图 8-13 PC1 和 PC2 的通信测试结果

```
PC>ping 192.168.1.1

Ping 192.168.1.1: 32 data bytes, Press Ctrl_C to break
From 192.168.1.1: bytes=32 seq=1 ttl=128 time=47 ms
From 192.168.1.1: bytes=32 seq=2 ttl=128 time=47 ms
From 192.168.1.1: bytes=32 seq=3 ttl=128 time=31 ms
From 192.168.1.1: bytes=32 seq=4 ttl=128 time=31 ms
From 192.168.1.1: bytes=32 seq=5 ttl=128 time=47 ms

--- 192.168.1.1 ping statistics ---
  5 packet(s) transmitted
  5 packet(s) received
  0.00% packet loss
  round-trip min/avg/max = 31/40/47 ms
```

图 8-14 PC2 和 PC1 的通信测试结果

（2）将原本连接 PC2 的 GigabitEthernet0/0/2 端口与 PC3 连接，拓扑图如图 8-15 所示。

（3）使用 PC3 进行测试。使用 Ping 命令检测其与 PC1 的连通性，测试结果如图 8-16、图 8-17 所示。

可见非法接入的 PC3 不仅无法与 PC1 通信，并且在发送数据包时，由于端口安全机制的介入，GigabitEthernet0/0/2 端口检测到 PC3 的非法接入会立即将端口关闭。

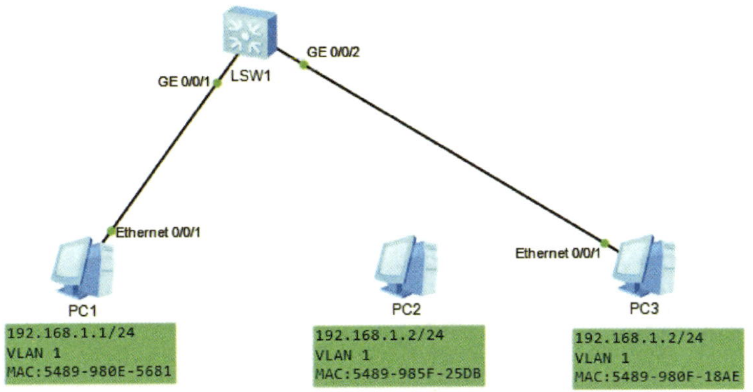

图 8-15 拓扑图

```
PC>ping 192.168.1.1

Ping 192.168.1.1: 32 data bytes, Press Ctrl_C to break
From 192.168.1.2: Destination host unreachable
From 192.168.1.2: Destination host unreachable
From 192.168.1.2: Destination host unreachable
From 192.168.1.2: Destination host unreachable
From 192.168.1.2: Destination host unreachable

--- 192.168.1.1 ping statistics ---
  5 packet(s) transmitted
  0 packet(s) received
  100.00% packet loss
```

图 8-16 PC3 和 PC1 的通信测试结果

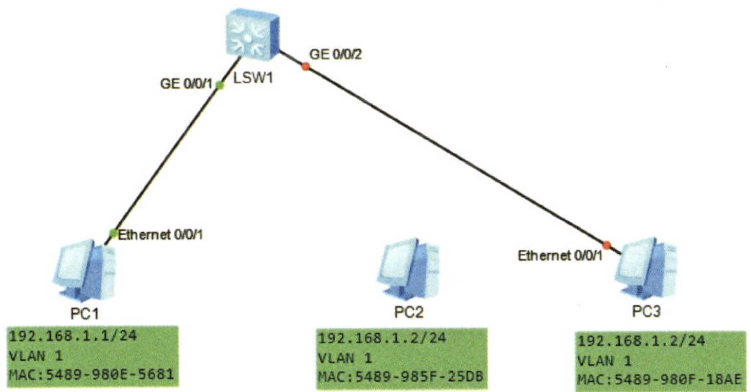

图 8-17 拓扑图的测试结果

项目九
广域网技术

任务 1　点到点协议封装与密码认证协议认证

1. 了解广域网的相关知识。
2. 了解点到点协议的概念。
3. 能实现华为设备点到点协议封装和密码认证协议认证。

在实际情境中，企业不仅有局域网内部通信的需求，还需要接入互联网。广域网之间的连接主要由互联网服务提供商（Internet Service Provider，ISP）完成，局域网接入广域网则是由客户（个人或企业）完成。

一、广域网相关知识

1．局域网（Local Area Network，LAN）

局域网通常指传输距离小于 10 km、数据传输速率（带宽）较高的计算机网络。局域网主要被用于构造单位的内部网，如校园网、企业网等。实现局域网数据通信的标准协议是以太网（Ethernet）协议，所以网络设备的相关端口一般也被称为以太网端口，局域网也被称为以太网。

2. 广域网（Wide Area Network，WAN）

广域网是指在比单个城市区域大的地理范围内提供通信服务的计算机网络。广域网传输需要更高的安全性（因为广域网服务是收费的，所以一般需要安全认证）和更长的传输距离。

3. 广域网传输协议

广域网传输协议主要包括点到点协议（Point-to-Point Protocol，PPP）、以太网上的点到点协议（Point-to-Point Protocol over Ethernet，PPPoE）、高级数据链路控制协议（High level Data Link Control，HDLC）和帧中继（Frame Relay）。

4. 广域网的主要设备

由于广域网的庞大和网络复杂性，在广域网上要尽量避免各种广播，所以广域网上的主要设备只有路由器。

二、广域网的接入方式

1. 数字用户线接入

数字用户线（Digital Subscriber Line，DSL）远程接入方式是通过调制解调器（Modem）拨号方式实现基于传统线路（如电话线、同轴电缆等）的数据高速传输，非对称数字用户线（Asymmetric Digital Subscriber Line，ADSL）、甚高比特率数字用户线（Very high-bit-rate Digital Subscriber Line，VDSL）、对称数字用户线（Symmetrical Digital Subscriber Line，SDSL）、高比特率数字用户线（High-bitrate Digital Subscriber Line，HDSL）等已成为个人用户主要的广域网接入方式。

2. 数字数据网接入

数字数据网（Digital Data Network，DDN）由光纤、数字微波或卫星等设备组成。DDN 接入的主要特点是传输质量高和信道利用率高，能够提供高性能的点到点通信；传输速率高和网络延时少，支持多种业务（如语音、数据、传真、图像等）；数据信息传输透明度高，可支持任何规程，对数据终端的数据传输速率没有特殊要求；适用于数据信息流量大的场合，网络运行管理简便；通信保密性强，特别适合金融、保险等保密性要求高的客户。所以，DDN 是企业用户接入互联网的主要选择。

3. 电话调制解调器远程接入和公用电话交换网接入

电话调制解调器远程接入和公用电话交换网（Public Switched Telephone Network，PSTN）接入方式因其速度慢已逐渐被淘汰。

三、点到点协议

点到点协议（PPP）是指主要通过拨号或数字专线的方式在两个网络节点之间建立连接和发送数据的传输协议。PPP 协议是广域网上应用最广泛的协议之一，它的特点是简单，具备错误检测、用户认证、IP 地址分配等能力。PPP 协议包含通信双方身份认证的安全协议：密码认证协议（Password Authentication Protocol，PAP）与挑战握手身份认证协议（Challenge Handshake Authentication Protocol，CHAP）。

四、串行接口（Serial Port）

PPP 协议主要在串行接口（简称串口）和串行链路上进行数据传输，所以本任务均在路由器安装串口扩展卡后，连接串口线进行实验。华为路由器如图 9-1 所示，安装好串口扩展卡的路由器如图 9-2 所示。

图 9-1　华为路由器

图 9-2　安装好串口扩展卡的路由器

串口线的两端分别为数据终端设备（Data Terminal Equipment，DTE）端和数据电路终端设备（Data Circuit terminal Equipment，DCE）端（标记在线缆上，DCE 端提供时钟，DTE 端在这个时钟上进行同步）。在存在协议转换器时，路由器识别为 DTE 设备，协议转换器识别为 DCE 设备，插上 V35 电缆后即可自动识别。如果两台路由器背靠背连接，则需要使用 DCE 电缆，其中一台路由器识别成 DCE 设备，另一台识别成 DTE 设备。

五、密码认证协议认证

PAP 协议是二次握手协议，通过用户名和密码完成身份认证，其认证过程和原理如图 9-3 所示。

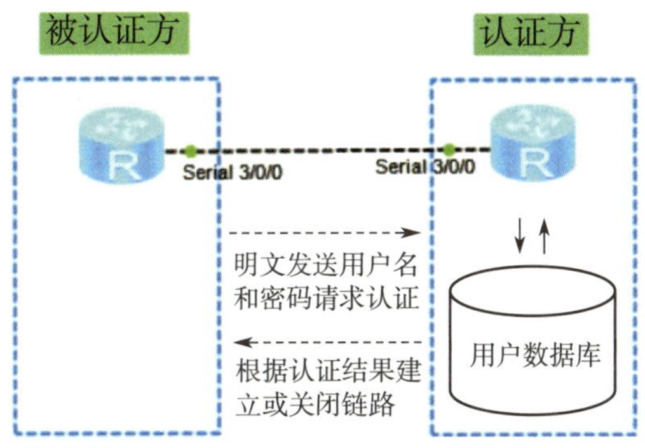

图 9-3　PAP 认证过程和原理

被认证方将自己的用户名和密码以明文的方式发送到认证方请求认证，认证方根据本方数据库（或 Radius 服务器）核对用户名和密码的合法性。如果用户名和密码无误，则开始建立数据传输（封装为 PPP 帧），反之则要求再次认证，认证失败到一定次数后关闭链路。

六、点到点协议封装的相关命令

1. 在端口视图上封装 PPP 协议

具体命令如下。

```
link-protocol ppp
```

例如，在串口 Serial3/0/0 接口上封装 PPP 协议的命令为：[Huawei]interface Serial3/0/0、[Huawei-Serial3/0/0]link-protocol ppp。

2. 认证方 PAP 设置

（1）建立用户数据库并指定用户类型

1）进入本地用户数据管理（aaa 视图），具体命令如下。

```
aaa
```

2）创建本地用户的用户名与密码，具体命令如下。

```
local-user {用户名} password cipher {密码}
```

3）指定本地用户{用户名}用于 PPP 协议认证，具体命令如下。

```
local-user {用户名} service-type ppp
```

（2）在端口上设置 PPP 协议连接使用 PAP 方式进行认证

具体命令如下。

```
ppp authentication-mode pap
```

3. 被认证方 PAP 设置

在端口上直接配置用户名和密码即可，具体命令如下。

```
ppp pap local-user {用户名} password cipher {密码}
```

一、任务描述

本任务要求实现路由器 1（R1）和路由器 2（R2）分别连接各自的局域网（此处用 PC1 和 PC2 代表），模拟在广域网上进行 PPP 连接。其中，R1 模拟内部网络路由器，R2 模拟运营商路由器，LoopBack0 回送端口模拟外部网络地址。

本任务所需的实验设备主要有：AR2220 路由器 2 台，带有网卡的 PC 2 台，直连网线 3 条，以及电源线若干。

本任务的实验拓扑图如图 9–4 所示。

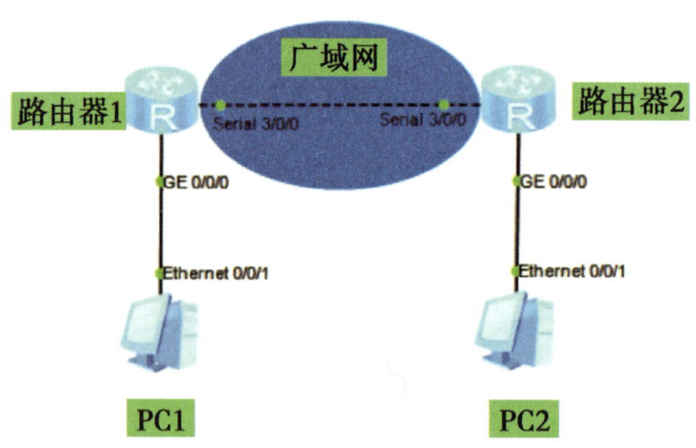

图 9–4　实验拓扑图

二、操作步骤

1. 搭建实验拓扑

由于串口连接需要使用串口扩展卡，在构建实验拓扑时，路由器 1 和路由器 2 都需要安装串口扩展卡，串口扩展卡的安装与连接方法如下。

（1）安装串口扩展卡

在保证路由器电源处于关闭状态下时才可以安装扩展卡，在拓扑区右击路由器，在弹出的下拉菜单中单击“设置”，在弹出的界面中按照图 9-5 所示步骤操作即可。

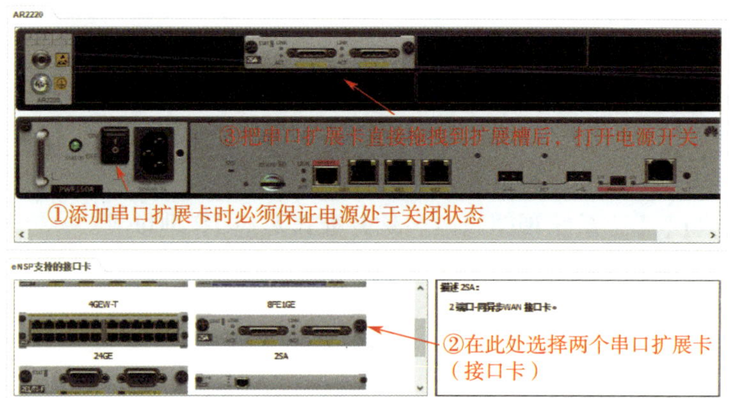

图 9-5　安装串口扩展卡操作

（2）连接路由器 1 和路由器 2 的串口

在 eNSP 里选择设备连线里的串口连接线（Serial），然后单击路由器，选择合适的串口进行连接即可，如图 9-6 所示。

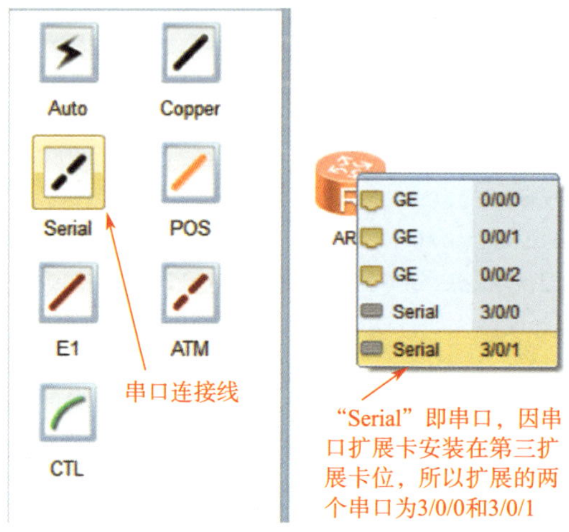

图 9-6　串口连接

2. 配置 IP 地址和 PC 网关

根据本任务要求，在 2 台 PC 和 2 台路由器的配置界面添加对应的 IP 地址，并全部使用 24 位掩码 255.255.255.0。各端口 IP 信息对应表见表 9-1。

表 9-1　各端口 IP 信息对应表

设备名	端口	IP 地址	网关
PC1	网卡	192.168.1.1	192.168.1.254
PC2	网卡	192.168.2.1	192.168.2.254
R1	GigabitEthernet0/0/0	192.168.1.254	—
	Serial3/0/0	100.100.100.100	—
R2	GigabitEthernet0/0/0	192.168.2.254	—
	Serial3/0/0	100.100.100.101	—

3. 进入 R1、R2 系统视图修改名称并配置对应 IP 地址

（1）R1 的具体命令如下。

```
[Huawei]sysname R1
[R1]interface GigabitEthernet0/0/0
[R1-GigabitEthernet0/0/0]ip address 192.168.1.254 24
[R1-GigabitEthernet0/0/0]quit
[R1]interface Serial3/0/0
[R1-Serial3/0/0]ip address 100.100.100.100 24
[R1-Serial3/0/0]quit
```

（2）R2 的具体命令如下。

```
[Huawei]sysname R2
[R2]interface GigabitEthernet0/0/0
[R2-GigabitEthernet0/0/0]ip address 192.168.2.254 24
[R2-GigabitEthernet0/0/0]quit
[R2]interface Serial3/0/0
[R2-Serial3/0/0]ip address 100.100.100.101 24
[R2-Serial3/0/0]quit
```

4. 在 R1、R2 中设置默认路由

具体命令如下。

```
[R1]ip route-static 0.0.0.0 0 100.100.100.101
[R2]ip route-static 0.0.0.0 0 100.100.100.100
```

5. 在 R2 中配置认证数据库

建立用于 PAP 认证的用户 abc 及密码 123，具体命令如下。

```
[R2]aaa
[R2-aaa]local-user abc password cipher 123
[R2-aaa]local-user abc service-type ppp
```

6. 在 R2 串口封装 PPP 协议、启用 PAP 认证并设置为认证方

具体命令如下。

```
[R2]interface Serial3/0/0
[R2-Serial3/0/0]link-protocol ppp
[R2-Serial3/0/0]ppp authentication-mode pap
```

7. 在 R1 串口封装 PPP 协议并设置为被认证方

建立用于 PAP 认证的用户 abc 及密码 123，具体命令如下。

```
[R1]interface Serial3/0/0
[R1-Serial3/0/0]link-protocol ppp
[R1-Serial3/0/0]ppp pap local-user abc password cipher 123
[R1-Serial3/0/0]quit
```

8. 数据分析

在 R1 和 R2 的 Serial3/0/0 串口分别输入命令 display interface Serial3/0/0 来查看串口连接情况，串口连接信息如图 9-7 所示。

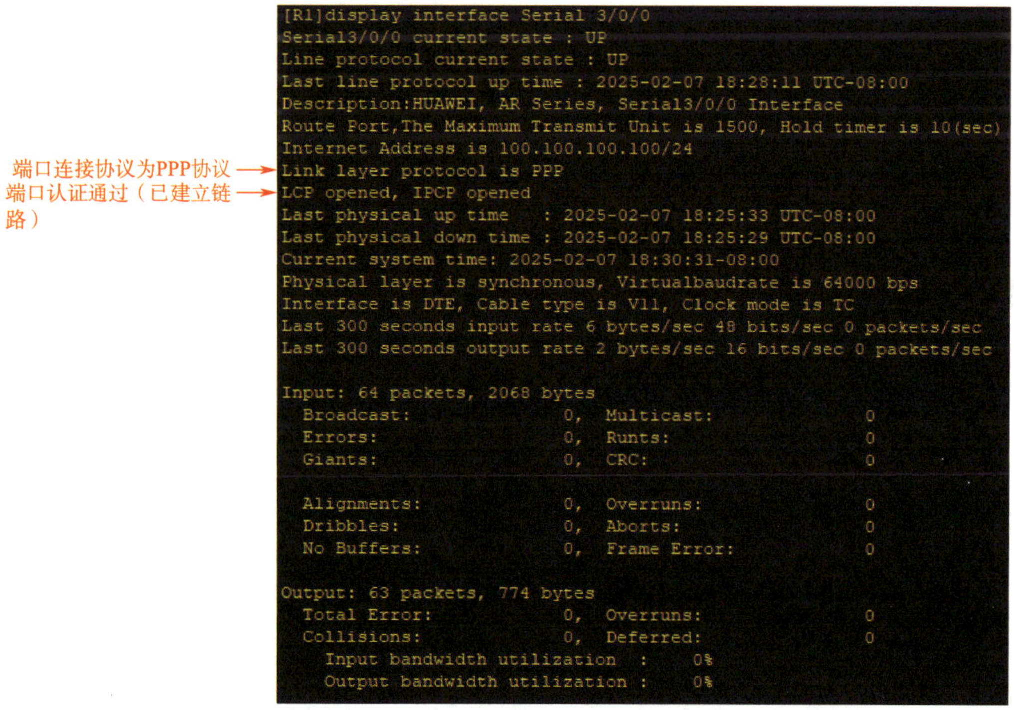

端口连接协议为PPP协议
端口认证通过（已建立链路）

```
[R1]display interface Serial 3/0/0
Serial3/0/0 current state : UP
Line protocol current state : UP
Last line protocol up time : 2025-02-07 18:28:11 UTC-08:00
Description:HUAWEI, AR Series, Serial3/0/0 Interface
Route Port,The Maximum Transmit Unit is 1500, Hold timer is 10(sec)
Internet Address is 100.100.100.100/24
Link layer protocol is PPP
LCP opened, IPCP opened
Last physical up time   : 2025-02-07 18:25:33 UTC-08:00
Last physical down time : 2025-02-07 18:25:29 UTC-08:00
Current system time: 2025-02-07 18:30:31-08:00
Physical layer is synchronous, Virtualbaudrate is 64000 bps
Interface is DTE, Cable type is V11, Clock mode is TC
Last 300 seconds input rate 6 bytes/sec 48 bits/sec 0 packets/sec
Last 300 seconds output rate 2 bytes/sec 16 bits/sec 0 packets/sec

Input: 64 packets, 2068 bytes
  Broadcast:              0,  Multicast:            0
  Errors:                 0,  Runts:                0
  Giants:                 0,  CRC:                  0

  Alignments:             0,  Overruns:             0
  Dribbles:               0,  Aborts:               0
  No Buffers:             0,  Frame Error:          0

Output: 63 packets, 774 bytes
  Total Error:            0,  Overruns:             0
  Collisions:             0,  Deferred:             0
    Input bandwidth utilization  :    0%
    Output bandwidth utilization :    0%
```

图 9-7　串口连接信息

可见端口连接协议为 PPP 协议，链路控制协议（Link Control Protocol，LCP）和网际协议控制协议（Internet Protocol Control Protocol，IPCP）已开启（表示端口认证通过，已开启链路通道和 IP 数据传输通道）。

任务 2　挑战握手身份认证协议认证与双向认证

1. 了解挑战握手身份认证协议认证和密码认证协议认证的区别。
2. 掌握配置挑战握手身份认证协议认证的相关命令。
3. 能实现华为设备双向认证。

密码认证协议在进行用户密码认证时会使用明文进行信息的传输，连接具有不安全性。挑战握手身份认证协议认证和双向认证可使点到点协议下的身份认证安全性更高。

一、挑战握手身份认证协议认证

挑战握手身份认证协议（CHAP）是在 PPP 链路上进行身份认证的三次报文交换协议。相比于 PAP 认证，CHAP 认证可以有效地防止密码被窃听或篡改，是一种更加安全的认证方式。

二、挑战握手身份认证协议认证的工作原理

CHAP 认证的工作原理如下。

1. 认证请求

被认证方发送一个随机数挑战值给认证方。

2. 认证响应

认证方根据挑战值、本地存储的密码和单向散列函数计算出一个响应值，并将该响应值发送给被认证方。

3. 认证结果

被认证方根据相同的挑战值、本地存储的密码和单向散列函数计算出一个响应值，并将该响应值与认证方发送的响应值进行比较。如果两个响应值一致，则认证成功，双方建立连接；反之建立连接失败。

4. 持续认证

CHAP 认证不仅在建立连接阶段存在，在数据传输阶段也会持续地间隔一定时间进行（每次认证产生的随机挑战值是不同的，以防被第三方猜出密钥），一旦认证失败则立即关闭认证链路。

CHAP 认证原理示意图如图 9-8 所示。

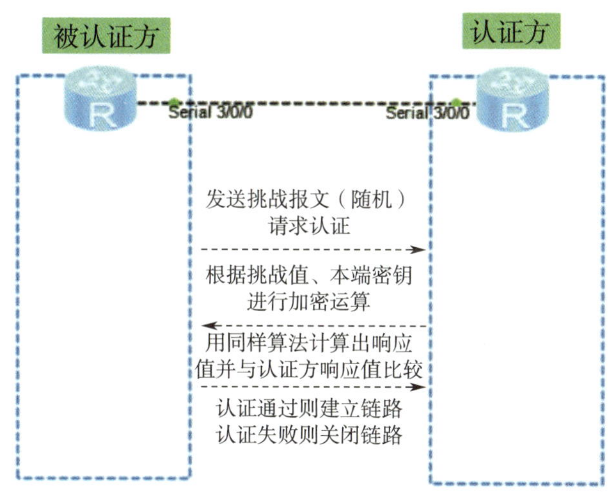

图 9-8　CHAP 认证原理示意图

三、挑战握手身份认证协议的双向认证

双向认证是指参与数据传输的双方互为认证方和被认证方，只有双向认证通过才能顺利进行数据的发送和接收，这大大提高了传输的安全性。

四、挑战握手身份认证协议的相关命令

1. 认证方 CHAP 设置

（1）建立用户数据库并指定用户类型

1）进入本地用户数据管理（aaa 视图），具体命令如下。

```
aaa
```

2）创建本地用户的用户名和密码，具体命令如下。

```
local-user {用户名} password cipher {密码}
```

3）指定本地用户的用户名，用于 PPP 协议认证（PAP 认证和 CHAP 认证都是 PPP 协议下的认证方式），具体命令如下。

```
local-user {用户名} service-type ppp
```

（2）在端口上设置 PPP 连接使用 CHAP 方式进行认证

具体命令如下。

```
ppp authentication-mode chap
```

2. 被认证方 CHAP 设置

在端口上直接配置用户名和密码即可，具体命令如下。

```
ppp chap user {用户名}
ppp chap password cipher {密码}
```

一、任务描述

本任务要求使用与项目九任务 1 完全相同的网络拓扑，实现同样的目的，只是在本任务中会使用 CHAP 认证及其双向认证的方式进行认证连接，以提高 PPP 连接的安全性。实验拓扑图如图 9-4 所示。

二、操作步骤

1. CHAP 单向认证

（1）配置 IP 地址和 PC 网关，同项目九任务 1。

（2）在 R1、R2 上设置默认路由以实现全网互通。具体命令如下。

```
[R1]ip route-static 0.0.0.0 0 100.100.100.101
[R2]ip route-static 0.0.0.0 0 100.100.100.100
```

（3）在 R2 中配置认证数据库。建立用于 PAP 认证的用户 abc 和密码 123。具体命令如下。

```
[R2]aaa
[R2-aaa]local-user abc password cipher 123
[R2-aaa]local-user abc service-type ppp
```

（4）在 R2 串口封装 PPP 协议、启用 CHAP 认证并设置为认证方。具体命令如下。

```
[R2]interface Serial3/0/0
[R2-Serial3/0/0]link-protocol ppp
[R2-Serial3/0/0]ppp authentication-mode chap
```

（5）在 R1 串口封装 PPP 协议并设置为被认证方。建立用于 PAP 认证的用户 abc 及密码 123。具体命令如下。

```
[R1]interface Serial3/0/0
[R1-Serial3/0/0]link-protocol ppp
[R1-Serial3/0/0]ppp chap user abc
[R1-Serial3/0/0]ppp chap password cipher 123
[R1-Serial3/0/0]quit
```

（6）在 R1 和 R2 的 Serial3/0/0 串口分别输入 display interface Serial3/0/0 命令来查看串口连接情况，串口连接信息如图 9-9 所示。可见，端口连接协议为 PPP 协议，LCP 和 IPCP 已开启（表示端口认证通过，已开启链路通道和 IP 数据传输通道）。

```
<r2>
Jun 11 2024 15:21:52-08:00 r2 %%01IFPDT/4/IF_STATE(1)[14]:Interface Serial3/0/0
has turned into UP state.    端口S3/0/0已启用
<r2>
Jun 11 2024 15:21:58-08:00 r2 %%01IFNET/4/LINK_STATE(1)[15]:The line protocol PP
P on the interface Serial3/0/0 has entered the UP state.    端口S3/0/0上的PPP协议已生效
<r2>
Jun 11 2024 15:21:58-08:00 r2 %%01IFNET/4/LINK_STATE(1)[16]:The line protocol PP
P IPCP on the interface Serial3/0/0 has entered the UP state.    端口上的PPP IPCP已建立
<r2>
```

图 9-9　串口连接信息

小提示

在 PAP 或 CHAP 认证实验中，当串口的状态改变时，设备上会显示调试信息。如果没有相关显示，则可能串口已完成认证或没有打开调试信息，可使用 terminal debugging 命令打开调试信息显示，使用 shutdown 和 undo shutdown 命令关闭和启用串口。

2. CHAP 双向认证

R2 作为认证方，已通过 CHAP 认证的方式认证 R1 接入的合法性。双向认证就是 R1 也作为认证方认证 R2 接入的合法性。

在前面实验的基础上，对 R1 和 R2 分别进行设置，具体命令如下。

```
[R1]aaa
[R1-aaa]local-user cba password cipher 321
[R1-aaa]local-user cba service-type ppp
[R1]interface Serial3/0/0
[R1-Serial3/0/0]ppp authentication-mode chap
[R2]interface Serial3/0/0
[R2-Serial3/0/0]ppp chap user cba
[R2-Serial3/0/0]ppp chap password cipher 321
[R2-Serial3/0/0]quit
```

双向认证加强了连接的安全性。R1 使用用户名 cba 和密码 321 认证 R2 的合法性，R2 使用用户名 abc 和密码 123 认证路由器 1 的合法性。只有连接双方都通过了认证才能保证链路的建立和数据的传输。

任务 3　以太网上的点到点协议连接

1. 了解以太网上的点到点协议的概念。
2. 了解以太网上的点到点协议中的虚拟接口模板和虚拟拨号接口。
3. 掌握配置以太网上的点到点协议的方法。

在众多的接入技术中，以太网是最经济的方法，但以太网协议不能提供访问控制和计费等功能。那么，互联网服务提供商（ISP）又是用什么办法把主机连接到互联网中的呢？

一、以太网上的点到点协议

以太网上的点到点协议（PPPoE）是将点到点协议（PPP）封装在以太网（Ethernet）框架中的一种网络隧道协议。由于PPPoE协议中集成PPP协议，所以可实现传统以太网不能提供的身份认证、加密和压缩等功能，也可用于缆线调制解调器（Cable Modem）和数字用户线（DSL）等以以太网协议向用户提供接入服务的协议体系。对互联网服务提供商来说，在串口上可以直接使用PPP协议（一般用于企业用户专线接入），PPPoE方式的互联网接入则被广泛用于个人用户拨号接入。

局域网计算机以PPPoE方式接入互联网的典型场景如图9-10所示。

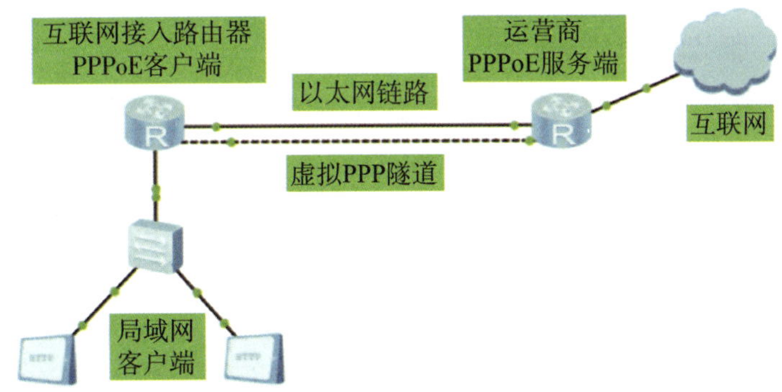

图 9-10　局域网计算机以 PPPoE 方式接入互联网的典型场景

图中的虚线不是真实连接，而是虚拟的PPP隧道链路（相当于在客户端和服务端用虚拟链路连接），PPPoE客户端和服务端之间使用以太网链路传输，但在以太网链路中的数据帧中封装了PPP协议的数据帧，因而可以对客户端进行身份认证（如PPP协议中的CHAP认证，可确认客户端的身份合法性）、数据加密、压缩等PPP协议中的功能。

二、虚拟接口模板

虚拟接口模板（Virtual-Template，VT）是指如图 9-10 所示的 PPPoE 服务端连接虚拟 PPP 隧道链路的虚拟接口。为了让以太网链路可以承载 PPP 数据帧，必须为其配置虚拟接口模板。

虚拟接口模板是可以在一条链路上封装各种同层协议的虚拟接口。因为在以太网的接口中已经默认封装了以太网协议，无法承载虚拟链路的 PPP 数据帧，所以需要用虚拟接口模板封装 PPP 协议后，再把虚拟接口模板绑定到以太网接口上，从而实现 PPP 协议在以太网协议中的嵌套。

三、虚拟拨号接口

虚拟拨号接口是指拨号控制中心（Dial Control Center，DCC）中的拨号接口。

在 PPPoE 协议中，客户端使用拨号的方式与服务端建立连接，服务端的虚拟接口是虚拟接口模板（VT），客户端的虚拟接口是虚拟拨号接口，这两个接口相连接的虚拟链路就是 PPP 隧道链路。

在拨号连接中，虚拟拨号接口的工作流程是：封装 PPP 协议，发出拨号连接，使用 PPP 协议中的认证方式认证客户端的合法性，认证成功后在服务端的 VT 获取 TCP/IP 信息（包括 IP 地址、网关、DNS 和掩码等信息）。

虚拟拨号接口需要制定拨号规则发起拨号连接，虚拟拨号接口还需要绑定一个 bundle 供绑定以太网接口时调用，且要关联拨号组。

四、以太网上的点到点协议的相关命令

1. PPPoE 服务端创建地址池

PPPoE 服务端创建地址池的具体命令与项目七创建 DHCP 地址池的命令相同。

2. PPPoE 服务端创建 VT

具体命令如下。

```
interface Virtual-Template { 接口号 }
```

3. 指定为 PPPoE 分配地址的地址池

具体命令如下。

```
remote address pool { 地址池名 }
```

4. PPPoE 服务端绑定以太网接口和 VT 接口

实现 PPP 帧封装到以太网帧中，具体命令如下。

```
pppoe-server bind Virtual-Template {VT 接口号 }
```

5. PPPoE 客户端创建虚拟拨号接口

具体命令如下。

```
interface dialer { 虚拟拨号接口编号 }
```

6. 为 PPPoE 客户端虚拟拨号接口指定 IP 地址

由 PPPoE 服务端提供 IP 地址，具体命令如下。

```
ip address ppp-negotiate
```

7. 指定 PPPoE 客户端虚拟拨号接口发起拨号时使用的用户名

具体命令如下。

```
dialer user { 用户名 }
```

8. 为 PPPoE 客户端虚拟拨号接口绑定一个 bundle

此 bundle 可供绑定以太网接口时调用，具体命令如下。

```
dialer bundle { 编号 }
```

9. PPPoE 客户端虚拟拨号接口绑定接口组

具体命令如下。

```
dialer-group { 接口组编号 }
```

10. PPPoE 客户端虚拟拨号接口绑定以太网接口

使用 bundle 绑定以太网接口，具体命令如下。

```
pppoe-client dial-bundle-number { 已创建的 bundle 编号 }
```

11. 设置 PPPoE 客户端虚拟拨号接口的拨号规则

具体命令如下。

```
dialer-rule
```

12. 编写拨号规则

（1）指定 ACL 中的信息，具体命令如下。

```
dialer-rule {拨号规则编号} {绑定 acl} {绑定的 acl 编号或名字}
```

（2）对 PPPoE 客户端虚拟拨号接口设置允许（permit）或拒绝（deny）ip 拨号，具体命令如下。

```
dialer-rule {拨号规则编号} ip {permit 或 deny}
```

（3）对 PPPoE 客户端虚拟拨号接口设置允许（permit）或拒绝（deny）ipv6 拨号，具体命令如下。

```
dialer-rule {拨号规则编号} ipv6 {permit 或 deny}
```

13. 查看 PPPoE 客户端的会话状态和配置信息

具体命令如下。

```
display pppoe-client session summary
```

14. 查看 PPPoE 服务端的会话状态和配置信息

具体命令如下。

```
display pppoe-server session all
```

一、任务描述

本任务要求实现模拟客户端计算机 1 使用 PPPoE 拨号上网。使用 CHAP 认证方式，设置用户名为 abc，密码为 abc@isp。本任务使用 dialer 拨号接口和虚拟接口模板（VT）接口进行连接，所以路由器 1、2 之间使用以太网接口连接即可。dialer 拨号接口的 IP 地址为从服务端 VT 接口自动获取。

本任务的实验拓扑图如图 9-11 所示。

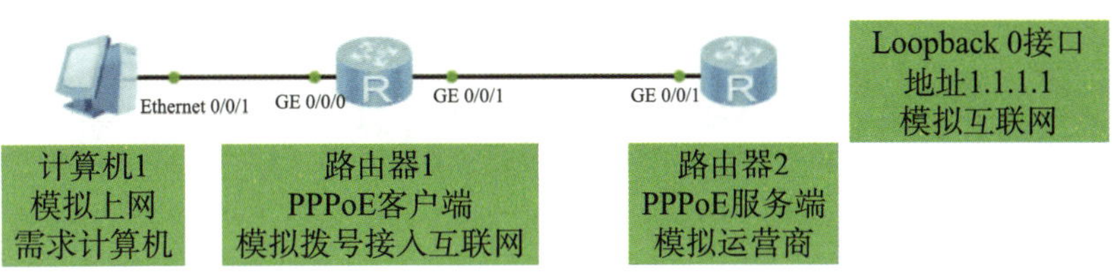

图 9-11　实验拓扑图

二、操作步骤

1. 配置 IP 地址和 PC 网关（暂不配置两个虚拟接口的参数）

根据本任务要求，在 1 台 PC 和 2 台路由器的配置界面添加对应的 IP 地址，并全部使用 24 位掩码 255.255.255.0。各端口 IP 信息对应表见表 9-2。

表 9-2　各端口 IP 信息对应表

设备名	端口	IP 地址	网关
计算机 1（PC1）	网卡	192.168.1.1	192.168.1.254
路由器 1（R1）	GigabitEthernet0/0/0	192.168.1.254	—
	虚拟拨号接口	DHCP 自动获取	DHCP 自动获取
路由器 1（R2）	LoopBack0	1.1.1.1	—
	虚拟接口模板（VT）	100.100.100.101	—

2. 进入 R1、R2 系统视图修改名称并配置对应 IP 地址

（1）R1 的具体命令如下。

```
[Huawei]sysname R1
[R1]interface GigabitEthernet0/0/0
[R1-GigabitEthernet0/0/0]ip address 192.168.1.254 255.255.255.0
[R1-GigabitEthernet0/0/0]quit
```

（2）R2 的具体命令如下。

```
[Huawei]sysname R2
[R2]interface LoopBack0
[R2-LoopBack0]ip address 1.1.1.1 255.255.255.0
[R2-LoopBack0]quit
```

3. 在服务端 R2 中建立 IP 地址池 isp

具体命令如下。

```
[R2]ip pool isp
[R2-ip-pool-isp]gateway-list 100.100.100.101
[R2-ip-pool-isp]network 100.100.100.0 mask 255.255.255.0
[R2-ip-pool-isp]dns-list 114.114.114.114
[R2-ip-pool-isp]quit
```

4. 在服务端 R2 中创建 VT 接口并配置相关参数

具体命令如下。

```
[R2]interface Virtual-Template 1
[R2-Virtual-Template1]ppp authentication-mode chap
[R2-Virtual-Template1]remote address pool isp
[R2-Virtual-Template1]ip address 100.100.100.101 255.255.255.0
[R2-Virtual-Template1]quit
```

5. 在服务端 R2 中配置 PPPoE 用户数据库

创建授权用户和密码，具体命令如下。

```
[R2]aaa
[R2-aaa]local-user abc password cipher abc@isp
[R2-aaa]local-user abc service-type ppp
[R2-aaa]quit
```

6. 在服务端 R2 中绑定物理接口和 VT 接口以实现 PPPoE 封装

具体命令如下。

```
[R2]interface GigabitEthernet0/0/1
[R2-GigabitEthernet0/0/1]pppoe-server bind Virtual-Template 1
[R2-GigabitEthernet0/0/1]quit
```

7. 在服务端 R2 中配置通过 VT 接口的默认路由

在实际互联网接入中，服务端就是 ISP 设备，是不可能写为默认路由的，是使用 NAT 方式进行互联网连接的。为便于理解，此处用默认路由进行数据的转发，具体命令如下。

```
[R2]ip route-static 0.0.0.0 0.0.0.0 Virtual-Template 1
```

8. 在客户端 R1 中创建虚拟拨号接口并配置 CHAP

具体命令如下。

```
[R1]interface dialer 1
[R1-dialer1]link-protocol ppp
[R1-dialer1]ppp chap user abc
[R1-dialer1]ppp chap password cipher abc@isp
[R1-dialer1]ip address ppp-negotiate
[R1-dialer1]dialer user abc
[R1-dialer1]dialer bundle 1
[R1-dialer1]dialer-group 1
[R1-dialer1]quit
```

9. 将虚拟拨号接口绑定以太网接口并设置 PPPoE 客户端

具体命令如下。

```
[R1]interface GigabitEthernet0/0/1
[R1-GigabitEthernet0/0/1]pppoe-client dial-bundle-number 1
[R1-GigabitEthernet0/0/1]quit
```

10. 指定拨号规则

此处允许所有客户端拨号，具体命令如下。

```
[R1]dialer-rule
[R1-dialer-rule]dialer-rule 1 ip permit
[R1-dialer-rule]quit
```

11. 配置客户端到服务端的默认路由

具体命令如下。

```
[R1]ip route-static 0.0.0.0 0.0.0.0 dialer 1
```

12. 测试内部网络和外部网络的连通

在计算机 1 的命令行中输入 ping 1.1.1.1 命令，可见此时计算机 1 已经能顺利通过 PPPoE 方式和模拟的互联网 IP 地址通信了，测试结果如图 9-12 所示。

13. 查看 PPPoE 客户端相关信息

在 PPPoE 客户端路由器 R1 上输入 display pppoe-client session summary 命令即可查看如下信息。

```
<R1>display pppoe-client session summary
PPPoE Client Session:
ID  Bundle  dialer   Intf     Client-MAC     Server-MAC    State
1     1        1    GE0/0/1  00e0fc3b2b06  00e0fc8c5842    UP
```

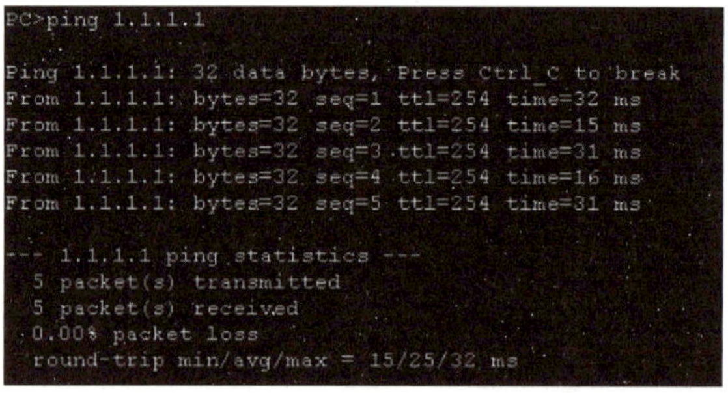

```
PC>ping 1.1.1.1

Ping 1.1.1.1: 32 data bytes, Press Ctrl_C to break
From 1.1.1.1: bytes=32 seq=1 ttl=254 time=32 ms
From 1.1.1.1: bytes=32 seq=2 ttl=254 time=15 ms
From 1.1.1.1: bytes=32 seq=3 ttl=254 time=31 ms
From 1.1.1.1: bytes=32 seq=4 ttl=254 time=16 ms
From 1.1.1.1: bytes=32 seq=5 ttl=254 time=31 ms

--- 1.1.1.1 ping statistics ---
  5 packet(s) transmitted
  5 packet(s) received
  0.00% packet loss
  round-trip min/avg/max = 15/25/32 ms
```

图 9-12　PPPoE 拨号上网实验测试结果

其中，ID 是编号，Bundle 是虚拟拨号接口绑定的 bundle，dialer 是虚拟拨号接口，Intf 是绑定的以太网接口，Client-MAC 是 PPPoE 客户端 MAC 地址，Server-MAC 是 PPPoE 服务端 MAC 地址，State 是状态。

14. 查看 PPPoE 服务端相关信息

在 PPPoE 服务端路由器 R2 上输入 display pppoe-server session all 命令即可查看如下信息。

```
<R2>display pppoe-server session all
SID        Intf              State     OIntf        RemMAC            LocMAC
 1   Virtual-Template1:0      UP      GE0/0/1    00e0.fc3b.2b06    00e0fc8c5842
```

其中，SID 是编号，Intf 是 VT，State 是状态，OIntf 是绑定的以太网接口，RemMAC 是对端 MAC 地址，LocMAC 是本地 MAC 地址。

服务端和客户端状态都是 UP，表示 PPPoE 连接成功。

项目十
中小型企业网络设计案例

某中小型企业需要进行网络规划与设计，该企业由三层楼组成，分别是一层的营业部，二层的财务部和人力资源部，三层的网络中心和行政办公室，一层、二层、三层分别存在接入交换机，三台接入交换机与企业核心交换机相连，内部网络由核心交换机统一管理，核心交换机连接出口路由，通过出口路由访问互联网。

本案例要求每个部门使用不同的 VLAN 进行区分，并根据具体使用需求选择合理的设备型号，以满足该企业内部网络与外部网络的正常访问需求。

中小型企业网络的规划与设计主要需要考虑以下几个方面。

一、网络规模的需求

根据网络接入点（包括所有终端和服务器）的数量选择不同的方案。

1. 一般来说，10 个以下接入点的企业网络适配规模比较小的公司，这类公司一般对网络应用需求较低，由于人数少，基本也不存在划分 VLAN 的需求，所以，局域网选择一个多口的交换机，出口路由采用 SOHO 型路由器就足够了。

2. 10～100 个接入点的企业网络需要内部 VLAN 路由功能、基本的网络管理和安全功能，以及基本的互联网接入功能。为满足这类需求，一般需要“路由器 + 核心交换机 + 接入交换机”模式，由路由器提供内部网络和外部网络的连接，核心交换机和接入交换机负责内部 VLAN 的划分和路由，并设置相应的内部网络管理策略和安全策略。

3. 100 个以上接入点的企业网络一般需要更多提升网络安全性、可靠性和调优的规划（如使用路由冗余、防火墙等）。

二、企业网络的布局需求

企业网络布局的主要内容是确定企业本身接入点的位置（如服务器的位置、企业的楼层布局、接入点的位置等）。

三、企业网络的功能性需求

企业网络功能性的主要内容是确定企业网络中需要什么功能的服务器、VLAN 功能的划分、是否需要无线网络的覆盖、网络数据吞吐量，以及外部网络接入需求等。

四、企业网络的管理与安全需求

企业网络管理与安全的主要内容是确定企业网络中的网络管理和安全方面的策略，如是否需要限制上网或某些特殊访问的权限，是否需要对某些端口做绑定以避免未授权主机的访问等。

任务 1　网络规划与设计

1. 了解中小型企业网络规划的基本步骤和技术要点。
2. 掌握企业网络规划和设计的能力。

一、考虑网络的扩展性与可维护性

1. 扩展性

在规划和设计网络时，要考虑到企业未来的发展情况，企业终端数量和网络流量会随着企业的发展增加。所以，在规划和设计网络时要为网络日后可能发生的改变提供一定的余量，从而降低网络改变带来的风险和改动费用。

2. 可维护性

企业网络在正常运作后，还需要网络管理员的持续维护和管理。如果在设计或规划时没有充分考虑到网络维护和管理的便利性，将为日后的企业网络维护带来很多不便。所以，在规划和设计网络时应划分合适的设备 VLAN，设置必要的远程登录方式，以便日后网络的维护和改动。

二、设备选型

设备选型应在满足使用需求、保证网络的扩展性、控制网络建设投入资金的前提下，选择合适的网络设备型号以保证企业网络的可靠性。

三、确定网络拓扑图

网络拓扑图的建立要考虑以下要点。

1. 在保证实现设计要求的前提下，确保设备数量和布线成本合适（如考虑网线的长度、网络设备的安装位置等）。

2. 一般选择星型（或树型）网络拓扑图。

3. 网络拓扑图应清晰，做好区域划分，指定设备的型号、连接方式、功能等信息。

四、进行网络配置

一般来说，在施工前相关人员会在模拟器中模拟网络的连接、设备的配置和测试，以确保网络规划和设计方案的合理性。

一、任务描述

本任务要求实现 100 个接入点的中小型企业网络的网络设计与规划。

二、操作步骤

1. 网络需求分析

（1）本任务对应的企业建筑分为三层，一层为营业部，二层为财务部和人力资源部，三层为网络中心和行政办公室。

（2）营业部的接入点数量为 40 个，财务部的接入点数量为 10 个，人力资源部的接入点数量为 15 个，网络中心的接入点数量为 15 个，行政办公室的接入点数量为 20 个（均已考虑网络的扩展性）。

（3）财务部需要与行政办公室以外的所有其他部门的数据通信隔离，以保证数据的安全性。

（4）网络中心需要具备对所有企业内部网络设备的远程访问能力。

（5）为方便公司文档的统一管理，需要设置文件服务器。

（6）公司文件服务器可通过互联网访问。

（7）企业所有接入点都需要接入互联网（使用专线接入，接入带宽为 1 000 Mbps）。

（8）上班时间（工作日 8:00 至 12:00，14:00 至 18:00）营业部不能访问互联网。

（9）进行远程管理的计算机必须将端口与 MAC 地址绑定。

（10）因局域网中的数据流量不高，本任务不考虑链路聚合。

（11）企业计算机（除服务器外）的 TCP/IP 使用 DHCP 的方式进行分配。

2. 设备选型

（1）出口路由器选择华为 AR2220S（在模拟器中选择 AR2220 即可）。

1）局域网接口类型为 3 个 GigabitEthernet（1 个 Combo）、2 个 USB 2.0 端口、1 个 Mini-USB 控制台端口、1 个串行辅助 / 控制台端口。

2）支持 VPN、ACL、防火墙、802.1x 认证、MAC 地址认证、Web 认证、AAA 认证、RADIUS 认证、HWTACACS 认证、广播风暴抑制、ARP 安全、ICMP 反攻击、语音功能和 3G 功能等。支持扩展模块数、4 个 SIC 插槽、2 个 WSIC 插槽、1 个 DSP 插槽。

3）为满足串口专线接入，加购 SIC 插槽串口扩展卡（在模拟器中添加 2SA 模块即可）。

（2）核心交换机采用华为 S5700-24TP-SI-AC24 口三层企业千兆交换机（在模拟器中选择 S5700 即可）。

1）端口参数为 24*10/100/1 000 Base-TX，4*100/1 000 Base-X Combo。

2）技术参数包含存储—转发传输方式、背板带宽 256 Gbps、包转发率 36 Mpps、MAC 地址表 16 K、VLAN 功能、可网管、支持堆叠。

3）网络标准包含 IEEE 802.3、IEEE 802.3u、IEEE 802.3ab、IEEE 802.3z、IEEE 802.3x、IEEE 802.1Q、IEEE 802.1d、IEEE 802.1X。

（3）接入交换机选用华为 S1730S-S24T4X-A（在模拟器中可使用 S3700 代替即可）。

1）端口参数为 24 个 10/100/1 000 Base-T 以太网端口，4 个万兆 SFP。

2）技术参数包含传输速率 10/100/1 000 Mbps、背板带宽 168 Gbps、包转发率 95.23 Mpps、MAC 地址表 8 K，支持 VLAN、流量监管、入端口流量限速、端口队列调度、拥塞避免、端口安全、广播、组播、未知单播风暴控制等。

（4）服务器无指定型号，按企业运行需要选择即可。

3. 绘制网络拓扑图

局域网部分网络拓扑图如图 10–1 所示。各部门分别使用两台 PC 进行模拟，一楼接入点数量为 40 个，故使两台接入交换机级联，本任务使用一台交换机进行模拟即可。

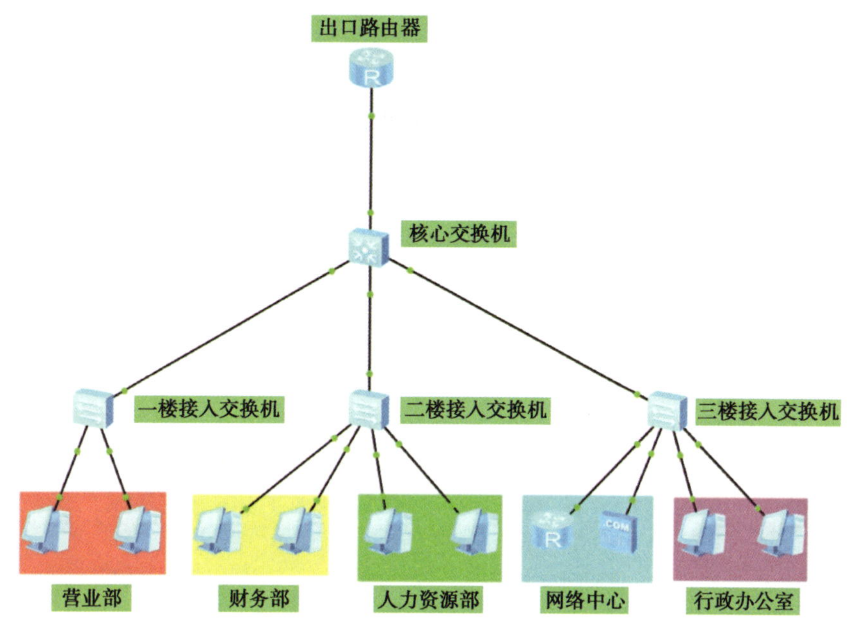

图 10–1　局域网部分网络拓扑图

广域网部分网络拓扑图如图 10–2 所示。

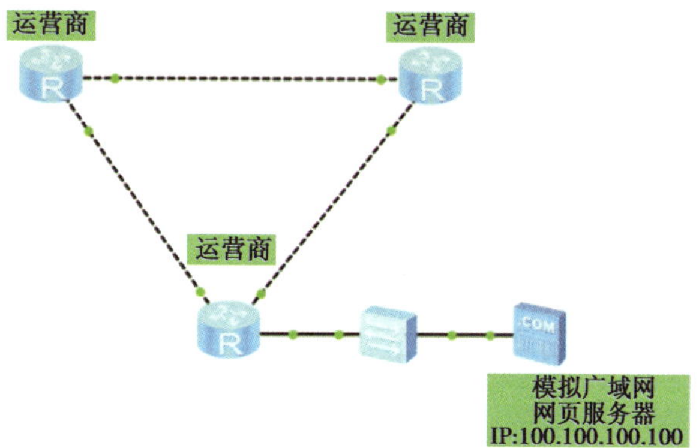

图 10–2　广域网部分网络拓扑图

广域网部分实际上与企业无关，由运营商负责维护建设。本任务通过模拟器模拟广域网的运作，图 10–2 中路由器均为模拟器中的 AR2220 添加串口扩展卡。

4. 网络配置

在项目十任务 2 和任务 3 中将对局域网和广域网部分的设备配置进行详细介绍。

任务 2　局域网配置

1. 掌握局域网 VLAN 的划分技巧。
2. 掌握局域网全网互通的配置方法。
3. 掌握局域网基本安全及管理设备的配置方法。

根据本项目任务 1，局域网部分网络拓扑图如图 10-1 所示，在 eNSP 中模拟构建实验拓扑，局域网连接均使用双绞线，设备端口连线关系见表 10-1。

表 10-1　设备端口连线关系

连线序号	设备（端口）	设备（端口）
1	出口路由（GigabitEthernet0/0/0）	核心交换机（GigabitEthernet0/0/4）
2	核心交换机（GigabitEthernet0/0/1）	一楼接入交换机（GigabitEthernet0/0/1）
3	核心交换机（GigabitEthernet0/0/2）	二楼接入交换机（GigabitEthernet0/0/1）
4	核心交换机（GigabitEthernet0/0/3）	三楼接入交换机（GigabitEthernet0/0/1）
5	一楼接入交换机（Ethernet0/0/1）	营业部主机
6	一楼接入交换机（Ethernet0/0/2）	
7	二楼接入交换机（Ethernet0/0/1）	财务部主机
8	二楼接入交换机（Ethernet0/0/2）	
9	二楼接入交换机（Ethernet0/0/3）	人力资源部主机
10	二楼接入交换机（Ethernet0/0/4）	

续表

<table>
<tr><th>连线序号</th><th>设备（端口）</th><th>设备（端口）</th></tr>
<tr><td>11</td><td>三楼接入交换机（Ethernet0/0/1）</td><td rowspan="2">网络中心主机（网管和服务器）</td></tr>
<tr><td>12</td><td>三楼接入交换机（Ethernet0/0/2）</td></tr>
<tr><td>13</td><td>三楼接入交换机（Ethernet0/0/3）</td><td rowspan="2">行政办公室主机</td></tr>
<tr><td>14</td><td>三楼接入交换机（Ethernet0/0/4）</td></tr>
</table>

1. 设备命名

将核心交换机命名为“HX”，将一、二、三楼的接入交换机分别命名为“SW1”“SW2”“SW3”，将出口路由器命名为“R1”，将模拟网管计算机的路由器命名为“WG”。

2. VLAN 划分

根据部门和用途为局域网划分 VLAN。

VLAN 10——营业部 VLAN（用于连接营业部主机）。

VLAN 20——财务部 VLAN（用于连接财务部主机）。

VLAN 30——人力资源部 VLAN（用于连接人力资源部主机）。

VLAN 40——行政办公室 VLAN（用于连接行政办公室主机）。

VLAN 100——网管和网络设备 VLAN（用于连接网管主机和网络设备）。

VLAN 200——服务器 VLAN（用于连接服务器）。

在所有交换机（SW1、SW2、SW3、HX）上创建 VLAN，具体命令如下。

```
[SW1]vlan batch 10 20 30 40 100 200
[SW2]vlan batch 10 20 30 40 100 200
[SW3]vlan batch 10 20 30 40 100 200
[HX]vlan batch 10 20 30 40 100 200
```

3. 网络规划

6 个内部 VLAN 分别使用 192.168.VLAN ID.0 网络（如 VLAN 10 使用 192.168.10.0 网络、VLAN 20 使用 192.168.20.0 网络）。核心交换机（VLAN 1）到出口路由器使用 192.168.1.0 网络即可。营业部使用 VLAN 10，则对应使用 192.168.10.0 网络；财务部使用 VLAN 20，则对应使用 192.168.20.0 网络，以此类推。

4. 配置 IP 地址

根据本任务要求，在各个设备的配置界面添加对应的 IP 地址，各端口 IP 信息对应表见表 10-2。

表 10-2　各端口 IP 信息对应表

设备名	端口或 VLAN	IP 地址	网关
营业部（PC1）	网卡	192.168.10.1	192.168.10.254
营业部（PC2）	网卡	192.168.10.2	192.168.10.254
财务部（PC3）	网卡	192.168.20.1	192.168.20.254
财务部（PC4）	网卡	192.168.20.2	192.168.20.254
人力资源部（PC5）	网卡	192.168.30.1	192.168.30.254
人力资源部（PC6）	网卡	192.168.30.2	192.168.30.254
路由器模拟网管计算机（WG）	GigabitEthernet0/0/0	192.168.100.1	192.168.100.254
服务器（Server）	网卡	192.168.200.1	192.168.200.254
行政办公室（PC7）	网卡	192.168.40.1	192.168.40.254
行政办公室（PC8）	网卡	192.168.40.2	192.168.40.254
出口路由器 R1	GigabitEthernet0/0/0	192.168.1.20	—
一楼接入交换机	VLAN 100	192.168.100.10	—
二楼接入交换机	VLAN 100	192.168.100.20	—
三楼接入交换机	VLAN 100	192.168.100.30	—
核心交换机	VLAN 10	192.168.10.254	—
	VLAN 20	192.168.20.254	—
	VLAN 30	192.168.30.254	—
	VLAN 40	192.168.40.254	—
	VLAN 100	192.168.100.254	—
	VLAN 200	192.168.200.254	—
	GigabitEthernet0/0/4（VLAN 1）	192.168.1.10	—

5. 在模拟器中设置所有 PC、服务器 IP 地址和网关

（1）设置模拟网管计算机的路由器 WG，使用默认路由模拟网管计算机的网关设置，具体命令如下。

```
[WG]interface GigabitEthernet0/0/0
[WG-GigabitEthernet0/0/0]ip address 192.168.100.1 255.255.255.0
[WG-GigabitEthernet0/0/0]quit
[WG]ip route-static 0.0.0.0 0 192.168.100.254
```

（2）设置出口路由器 R1，具体命令如下。

```
[R1]interface GigabitEthernet0/0/0
[R1-GigabitEthernet0/0/0]ip address 192.168.1.20 255.255.255.0
[R1-GigabitEthernet0/0/0]quit
```

（3）设置一、二、三楼的接入交换机 SW1、SW2、SW3，具体命令如下。

```
[SW1]interface interface Vlanif 100
[SW1-Vlanif100]ip address 192.168.100.10 255.255.255.0
[SW1-Vlanif100]quit
[SW2]interface interface Vlanif 100
[SW2-Vlanif100]ip address 192.168.100.20 255.255.255.0
[SW2-Vlanif100]quit
[SW3]interface interface Vlanif 100
[SW3-Vlanif100]ip address 192.168.100.30 255.255.255.0
[SW3-Vlanif100]quit
```

（4）设置核心交换机 HX，具体命令如下。

```
[HX]interface interface Vlanif 10
[HX-Vlanif10]ip address 192.168.10.254 255.255.255.0
[HX-Vlanif10]quit
[HX]interface interface Vlanif 20
[HX-Vlanif20]ip address 192.168.20.254 255.255.255.0
[HX-Vlanif20]quit
[HX]interface interface Vlanif 30
[HX-Vlanif30]ip address 192.168.30.254 255.255.255.0
[HX-Vlanif30]quit
[HX]interface interface Vlanif 40
[HX-Vlanif40]ip address 192.168.40.254 255.255.255.0
[HX-Vlanif40]quit
[HX]interface interface Vlanif 100
[HX-Vlanif100]ip address 192.168.100.254 255.255.255.0
[HX-Vlanif100]quit
[HX]interface interface Vlanif 200
[HX-Vlanif200]ip address 192.168.200.254 255.255.255.0
[HX-Vlanif200]quit
[HX]interface interface Vlanif 1
[HX-Vlanif10]ip address 192.168.1.10 255.255.255.0
[HX-Vlanif10]quit
```

6. 设置核心交换机（HX）和接入交换机之间的 Trunk 接口

具体命令如下。

```
[HX]interface GigabitEthernet0/0/1
[HX-GigabitEthernet0/0/1]port link-type trunk
[HX-GigabitEthernet0/0/1]port trunk allow-pass vlan all
[HX-GigabitEthernet0/0/1]quit
[HX]interface GigabitEthernet0/0/2
[HX-GigabitEthernet0/0/2]port link-type trunk
[HX-GigabitEthernet0/0/2]port trunk allow-pass vlan all
[HX-GigabitEthernet0/0/2]quit
[HX]interface GigabitEthernet0/0/3
[HX-GigabitEthernet0/0/3]port link-type trunk
[HX-GigabitEthernet0/0/3]port trunk allow-pass vlan all
[HX-GigabitEthernet0/0/3]quit
```

设置 SW1、SW2、SW3，在 3 台接入交换机中均输入如下命令（以 SW1 为例）。

```
[SW1]interface GigabitEthernet0/0/1
[SW1-GigabitEthernet0/0/1]port link-type trunk
[SW1-GigabitEthernet0/0/1]port trunk allow-pass vlan all
[SW1-GigabitEthernet0/0/1]quit
```

7. 设置接入交换机的 Access 接口

```
[SW1]interface Ethernet0/0/1
[SW1-Ethernet0/0/1]port link-type access
[SW1-Ethernet0/0/1]port default vlan 10
[SW1-Ethernet0/0/1]quit
[SW1]interface Ethernet0/0/2
[SW1-Ethernet0/0/2]port link-type access
[SW1-Ethernet0/0/2]port default vlan 10
[SW1-Ethernet0/0/2]quit
[SW2]interface Ethernet0/0/1
[SW2-Ethernet0/0/1]port link-type access
[SW2-Ethernet0/0/1]port default vlan 20
[SW2-Ethernet0/0/1]quit
[SW2]interface Ethernet0/0/2
[SW2-Ethernet0/0/2]port link-type access
[SW2-Ethernet0/0/2]port default vlan 20
[SW2-Ethernet0/0/2]quit
```

```
[SW2]interface Ethernet0/0/3
[SW2-Ethernet0/0/3]port link-type access
[SW2-Ethernet0/0/3]port default vlan 30
[SW2-Ethernet0/0/3]quit
[SW2]interface Ethernet0/0/4
[SW2-Ethernet0/0/4]port link-type access
[SW2-Ethernet0/0/4]port default vlan 30
[SW2-Ethernet0/0/4]quit
[SW3]interface Ethernet0/0/1
[SW3-Ethernet0/0/1]port link-type access
[SW3-Ethernet0/0/1]port default vlan 100
[SW3-Ethernet0/0/1]quit
[SW3]interface Ethernet0/0/2
[SW3-Ethernet0/0/2]port link-type access
[SW3-Ethernet0/0/2]port default vlan 200
[SW3-Ethernet0/0/2]quit
[SW3]interface Ethernet0/0/3
[SW3-Ethernet0/0/3]port link-type access
[SW3-Ethernet0/0/3]port default vlan 40
[SW3-Ethernet0/0/3]quit
[SW3]interface Ethernet0/0/4
[SW3-Ethernet0/0/4]port link-type access
[SW3-Ethernet0/0/4]port default vlan 40
[SW3-Ethernet0/0/4]quit
```

8. 设置出口路由器 R1 的返程路由

出口路由器 R1（GigabitEthernet0/0/0 接口）连接了 192.168.1.0 网络，却没有连接到企业内部的 6 个虚拟局域网，所以需要设置返回内部网络的路由，保证局域网的全网互通，具体命令如下。

```
[R1]ip route-static 192.168.0.0 255.255.0.0 192.168.1.10
```

9. 测试局域网互通

使用 Ping 命令进行测试。

10. 为服务器所在端口做端口绑定

打开服务器的“基础配置”选项卡并查看服务器的 MAC 地址，如图 10-3 所示。

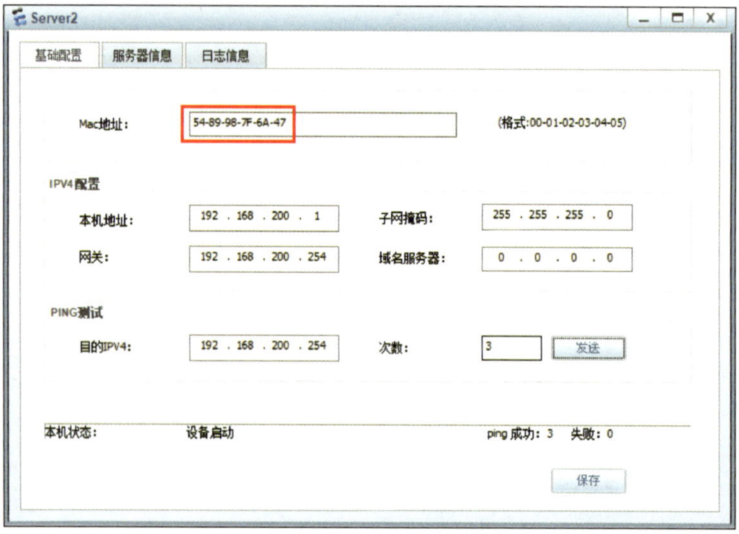

图 10-3　查看服务器的 MAC 地址

在接入交换机 SW3 的 Ethernet0/0/2 接口上配置端口安全以绑定服务器 MAC 地址，具体命令如下。

```
[SW3]interface Ethernet0/0/2
[SW3-Ethernet0/0/2]port-security enable
[SW3-Ethernet0/0/2]port-security max-mac-num 1
[SW3-Ethernet0/0/2]port-security mac-address sticky
[SW3-Ethernet0/0/2]port-security mac-address sticky 5489-987F-6A47
vlan 200
[SW3-Ethernet0/0/2]port-security protect-action shutdown
[SW3-Ethernet0/0/2]quit
```

11．配置 DHCP 功能，为 VLAN 10、VLAN 20、VLAN 30、VLAN 40 提供动态连接

具体命令如下。

```
[HX]dhcp enable
[HX]ip pool vlan10
[HX-ip-pool-vlan10]network 192.168.10.0 mask 255.255.255.0
[HX-ip-pool-vlan10]gateway-list 192.168.10.254
[HX-ip-pool-vlan10]quit
[HX]interface Vlanif 10
[HX-Vlanif10]dhcp select global
[HX-Vlanif10]quit
```

```
[HX]ip pool vlan20
[HX-ip-pool-vlan20]network 192.168.20.0 mask 255.255.255.0
[HX-ip-pool-vlan20]gateway-list 192.168.20.254
[HX-ip-pool-vlan20]quit
[HX]interface Vlanif 20
[HX-Vlanif20]dhcp select global
[HX-Vlanif20]quit
[HX]ip pool vlan30
[HX-ip-pool-vlan30]network 192.168.30.0 mask 255.255.255.0
[HX-ip-pool-vlan30]gateway-list 192.168.30.254
[HX-ip-pool-vlan30]quit
[HX]interface Vlanif 30
[HX-Vlanif30]dhcp select global
[HX-Vlanif30]quit
[HX]ip pool vlan40
[HX-ip-pool-vlan40]network 192.168.40.0 mask 255.255.255.0
[HX-ip-pool-vlan40]gateway-list 192.168.40.254
[HX-ip-pool-vlan40]quit
[HX]interface Vlanif 40
[HX-Vlanif40]dhcp select global
[HX-Vlanif40]quit
```

12. 在企业所有交换机和路由器上配置远程登录功能

在 SW1、SW2、SW3、R1 上均开启远程登录功能，密码均设置为 power，具体命令如下。

```
user-interface vty 0 4
authentication-mode password
set authentication password cipher power
user privilege level 15
```

任务 3　局域网接入广域网

1. 掌握广域网的接入方法。
2. 掌握 NAT 技术在接入广域网时的运用方法。
3. 掌握广域网 PPP 协议认证的实际运用方法。

一、任务描述

本任务要求实现将任务 2 中的企业局域网接入互联网，满足企业对广域网的连接需求。

二、操作步骤

1. 模拟广域网环境

在 eNSP 中构建模拟广域网拓扑图，如图 10-4 所示。

可见，本任务应给运营商路由器 R10 安装 2 张 2SA 的串口扩展卡，给 R20、R30 各安装 1 张 2SA 的串口扩展卡，以模拟互联网的串口连接。

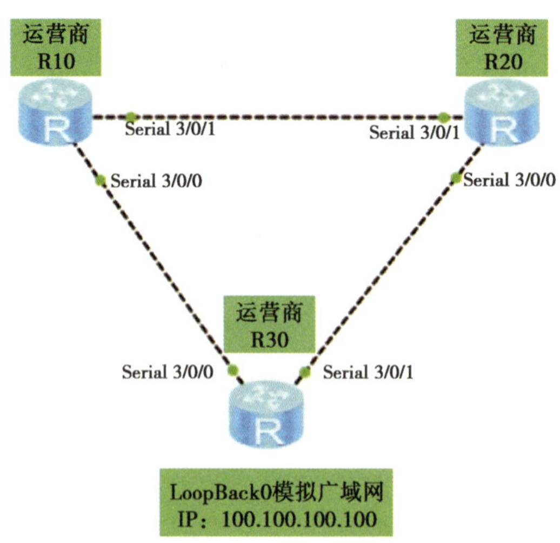

图 10-4　模拟广域网拓扑图

（1）配置 IP 地址

根据本任务要求，在各个设备的配置界面添加对应的 IP 地址，各端口 IP 信息对应表见表 10–3。

表 10–3　各端口 IP 信息对应表

设备名	端口或 VLAN	IP 地址	子网掩码
运营商路由器（R10）	Serial3/0/0	20.20.20.1	255.255.255.252
	Serial3/0/1	30.30.30.1	255.255.255.252
运营商路由器（R20）	Serial3/0/0	40.40.40.1	255.255.255.252
	Serial3/0/1	30.30.30.2	255.255.255.252
运营商路由器（R30）	Serial3/0/0	20.20.20.2	255.255.255.252
	Serial3/0/1	40.40.40.2	255.255.255.252
	LoopBack0	100.100.100.100	255.255.255.0

配置端口或 VLAN、IP 地址和子网掩码的具体命令如下。

```
[R10]interface Serial3/0/0
[R10-Serial3/0/0]ip address 20.20.20.1 255.255.255.252
[R10-Serial3/0/0]quit
[R10]interface Serial3/0/1
[R10-Serial3/0/1]ip address 30.30.30.1 255.255.255.252
[R10-Serial3/0/1]quit
[R20]interface Serial3/0/0
[R20-Serial3/0/0]ip address 40.40.40.1 255.255.255.252
[R20-Serial3/0/0]quit
[R20]interface Serial3/0/1
[R20-Serial3/0/1]ip address 30.30.30.2 255.255.255.252
[R20-Serial3/0/1]quit
[R30]interface Serial3/0/0
[R30-Serial3/0/0]ip address 20.20.20.2 255.255.255.252
[R30-Serial3/0/0]quit
[R30]interface Serial3/0/1
[R30-Serial3/0/1]ip address 40.40.40.2 255.255.255.252
[R30-Serial3/0/1]quit
[R30]interface LoopBack0
[R30-LoopBack0]ip address 100.100.100.100 255.255.255.0
[R30-LoopBack0]quit
```

（2）设置 OSPF 动态选路

三个路由器都设置在 area 0，具体命令如下。

```
[R10]ospf 1
[R10-ospf-1]area 0.0.0.0
[R10-ospf-1-area-0.0.0.0]network 20.20.20.0 0.0.0.3
[R10-ospf-1-area-0.0.0.0]network 30.30.30.0 0.0.0.3
[R20]ospf 1
[R20-ospf-1]area 0.0.0.0
[R20-ospf-1-area-0.0.0.0]network 30.30.30.0 0.0.0.3
[R20-ospf-1-area-0.0.0.0]network 40.40.40.0 0.0.0.3
[R30]ospf 1
[R30-ospf-1]area 0.0.0.0
[R30-ospf-1-area-0.0.0.0]network 20.20.20.0 0.0.0.3
[R30-ospf-1-area-0.0.0.0]network 40.40.40.0 0.0.0.3
[R30-ospf-1-area-0.0.0.0]network 100.100.100.100 0.0.0.255
```

2. 模拟广域网接入局域网

使用串口连接的物理接入方法，模拟广域网接入局域网拓扑图如图 10-5 所示。此处假设运营商提供的 IP 地址为 50.50.50.1/29 ~ 50.50.50.5/29。

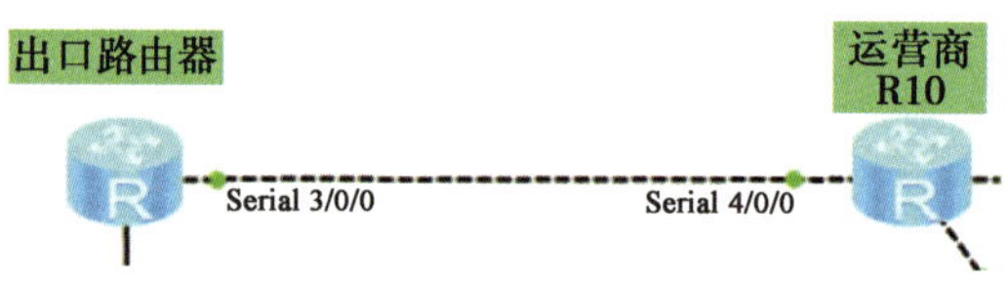

图 10-5　模拟广域网接入局域网拓扑图

在现实场景中，应向运营商申请专线接入，选择带宽、IP 地址的数量（此处除内部网络主机的上网需求外，服务器还需要外部网络连接，所以至少需要两个 IP 地址，一个为内部网络主机通过端口多路复用的方式上网的 IP 地址，另一个为服务器使用静态地址转换的 IP 地址）。

（1）设置出口路由和运营商路由器的串口 IP 地址

具体命令如下。

```
[R1]interface Serial3/0/0
[R1-Serial3/0/0]ip address 50.50.50.1 255.255.255.248
[R1-Serial3/0/0]quit
[R10]interface Serial4/0/0
[R10-Serial4/0/0]ip address 50.50.50.6 255.255.255.248
[R10-Serial4/0/0]quit
```

（2）运营商路由器 R10 宣告 50.50.50.0/29 网段

具体命令如下。

```
[R10]ospf 1
[R10-ospf-1]area 0.0.0.0
[R10-ospf-1-area-0.0.0.0]network 50.50.50.0 0.0.0.7
```

（3）出口路由和运营商链路采用 CHAP 认证方式

具体命令如下。

```
[R10]aaa
[R10-aaa]local-user abc password cipher 1234
[R10-aaa]local-user abc service-type ppp
[R10-aaa]quit
[R10]interface Serial4/0/0
[R10-Serial4/0/0]link-protocol ppp
[R10-Serial4/0/0]ppp authentication-mode chap
[R1]interface Serial3/0/0
[R1-Serial3/0/0]link-protocol ppp
[R1-Serial3/0/0]ppp chap user abc
[R1-Serial3/0/0]ppp chap password cipher 1234
[R1-Serial3/0/0]quit
```

（4）在核心交换机 HX 和出口路由器 R1 配置访问外部网络的默认路由

具体命令如下。

```
[R1]ip route-static 0.0.0.0 0.0.0.0 50.50.50.6
[HX]ip route-static 0.0.0.0 0.0.0.0 192.168.1.20
```

（5）编写营业部上班时间（工作日 8:00 至 12:00，14:00 至 18:00）不能上网，以及其他主机上网的 ACL

```
[R1]time-range sbsj 08:00 to 12:00 working-day
[R1]time-range sbsj 14:00 to 18:00 working-day
[R1]acl 2000
[R1]rule 5 deny source 192.168.10.0 0.0.0.255 time-range sbsj
[R1]rule 10 permit
[R1]interface Serial3/0/0
[R1]nat outbound 2000
```

若要测试 ACL 是否生效，需要使用 clock datetime 命令设置时间。

（6）使用静态 NAT 让服务器可被外部网络访问

```
[R1]nat static global 50.50.50.2 inside 192.168.200.1
[R1]interface Serial3/0/0
[R1-Serial3/0/0]nat static enable
```

3. 中小型企业局域网总测试

（1）测试内部网络所有计算机的互通

参考表 10–2 中的所有 IP 地址，若这些 IP 地址都能 Ping 通，则表示内部网络实现全网互通。

（2）测试网管计算机对所有网络设备的 Telnet Protocol 远程登录

在网管计算机（由路由器 WG 模拟）上输入 telnet 命令，测试目标设备 IP 地址，测试结果如图 10–6 所示。

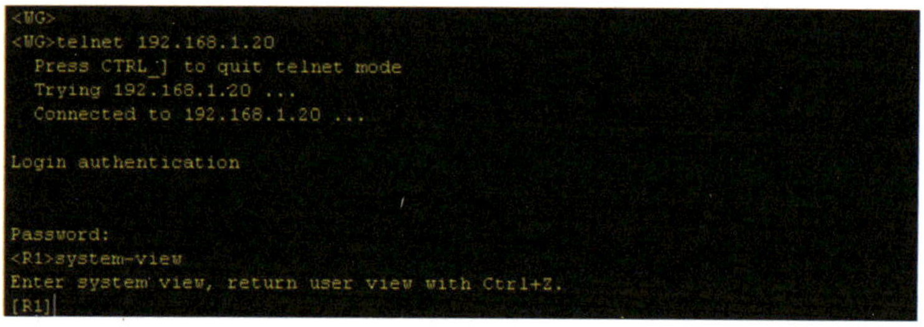

```
<WG>
<WG>telnet 192.168.1.20
  Press CTRL_] to quit telnet mode
  Trying 192.168.1.20 ...
  Connected to 192.168.1.20 ...

Login authentication


Password:
<R1>system-view
Enter system view, return user view with Ctrl+Z.
[R1]
```

图 10–6　测试结果

（3）测试上班时间内上网情况

先设置当前时间为上班时间，具体命令如下。

```
<R1>clock datetime 14:00:00 2024-6-24
```

查看当前时间段是否为上班时间生效期间，具体命令如下。

```
<R1>display time-range all
```

运行命令后，显示结果如图 10–7 所示。

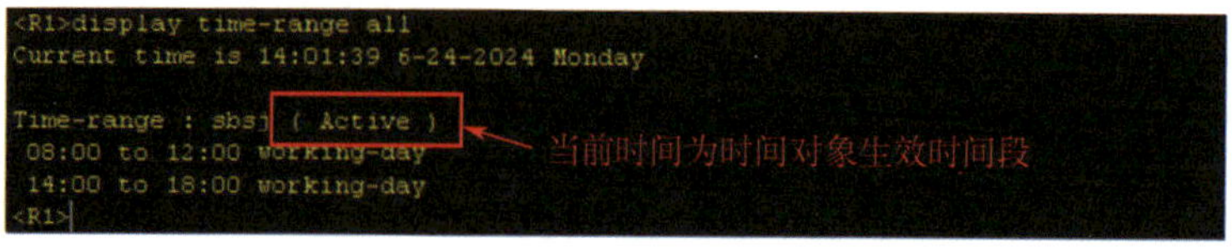

```
<R1>display time-range all
Current time is 14:01:39 6-24-2024 Monday

Time-range : sbsj ( Active )
 08:00 to 12:00 working-day
 14:00 to 18:00 working-day
<R1>
```

当前时间为时间对象生效时间段

图 10–7　查看当前时间段是否为上班时间生效期间的显示结果

用营业部主机测试是否不能访问外部网络 IP（执行 Ping 100.100.100.100 命令），用其他主机测试是否能正常访问外部网络 IP（执行 Ping 100.100.100.100 命令）。

（4）测试在 VLAN 10、VLAN 20、VLAN 30、VLAN 40 的 DHCP 服务

在各 VLAN 增加主机并设置地址获取方式为 DHCP，测试各新增主机是否能正常访问外部网络 IP（执行 Ping 100.100.100.100 命令）。

（5）测试局域网服务器 192.168.200.1 是否能被外部网络以 50.50.50.2 访问

在外部网络任一路由器上尝试执行 Ping 50.50.50.2 命令，查看是否能正常通信。

（6）测试服务器端口绑定是否生效

在服务器基础设置界面更改 MAC 地址，查看是否能保持连接。